Martina Albert
Michaela Feldhordt

Blütenessenzen
für unsere Hunde

animal Learn®
VERLAG

ISBN-13: 978-3-936188-33-2

Lektorat: Andrea Clages
Fotos: Martina Albert, André Huttenberger, iStockphoto, Photocase
Satz & Layout: Annette Gevatter, Großerlach
Druck: Druckerei Mack GmbH, Schönaich

animal learn Verlag, Am Anger 36, 83233 Bernau
E-Mail: animal.learn@t-online.de, www.animal-learn.de

Inhalt

Vorwort der Autorinnen

Alternative Heilmethoden, zu denen auch die Therapie mit Blütenessenzen gehört, gewinnen schon seit einiger Zeit in der Behandlung von Mensch und Tier eine immer größere Bedeutung. Damit verbunden ist, dass der Markt dafür boomt. Gehören die unterschiedlichen Blütentherapien nur zu einem Trend oder bieten sie wirklich sinnvolle Wege, die unser Wohlergehen und das unserer vierbeinigen Gefährten auf natürliche und sanfte Weise fördern?

Viele dieser Verfahren basieren auf jahrhundertealtem Erfahrungswissen. Erst viel später begann man, sie zu klassifizieren, wissenschaftlich zu erforschen und damit für unsere moderne, oft naturentfremdete Welt wieder zugänglich zu machen – und diese Entwicklung ist noch lange nicht abgeschlossen.

Bedingt durch diesen Trend gibt es inzwischen leider auch viele selbsternannte Blütentherapeuten ohne ausreichendes Basiswissen, deren Behandlungsansätze nicht immer wirklich sinnvoll sind. Aus unserer Sicht ist ein gut informierter Tierhalter, der vertrauensvoll mit einem gut ausgebildeten Fachmann zusammenarbeitet, der beste Garant für eine aussichtsreiche Therapie.

Zunächst möchten wir aber kurz erzählen, wie wir selbst dazu kamen, uns intensiv mit den Blütenessenzen zu beschäftigen.

Unsere „ersten Schritte“

1984 war das Jahr, in dem für mich alles begann: Meine eigene Hündin Erka war an einer scheinbar harmlosen Blasenentzündung erkrankt – doch die schulmedizinische Behandlung zog sich erfolglos über mehrere Wochen hin. Das ging schnell zu Lasten unserer Stimmung, die zudem durch permanent notwendige, auch nächtliche Gassi-Gänge immer weiter sank. Darüber hinaus stiegen die Kosten der Behandlung durch ständige Medikamentengabe und Kontrolluntersuchungen regelrecht ins Astronomische – Alternativen mussten gefunden werden…

Damals gab es glücklicherweise nur ein einziges Buch über Homöopathie für Hunde auf dem Büchermarkt, was die Übersicht für mich enorm erleichterte. Der Mut der Verzweiflung und das tief verwurzelte Wissen und Vertrauen auf die Wirkung dieser scheinbar „inhaltslosen Mittel“ halfen mir dann dabei, individuelle Wege für mein Tier zu suchen.

Auch auf Grund meiner medizinischen Vorbildung und der gesicherten Diagnose fand ich bald heraus, was wir brauchten, und behandelte meine Hündin eigenständig. Nach genau drei Tagen zeigten sich erste Besserungen, nach elf Tagen war die bereits chronisch gewordene Blasenentzündung und deren Symptome ausgeheilt. Eine sicherheitshalber durchgeführte Kontrolle der Harnwerte durch meinen Tierarzt bestätigten dies schwarz auf weiß – sehr zu seiner Verwunderung. Meine weiteren Ausbildungen zur Heilpraktikerin, Tierhomöopathin, Tierpsychologin, Hundetrainerin, verschiedene Studiengänge zu spezifischen fachlichen Schwerpunkten im Bereich der Veterinärmedizin, Fernstudien und Erfahrungssammlungen halfen dann auf unterschiedliche Weise, das Fachwissen nach und nach zu ergänzen und zu vertiefen, so dass ich heute auf über zwei Jahrzehnte erfolgreicher Arbeit in meinem therapeutischen Schulungszentrum für Mensch und Tier zurückblicken kann. Dabei ist der Einsatz von Blütenessenzen bis heute für mich ein wichtiger Bereich, vor allem ergänzend im Rahmen der Tierverhaltenstherapie.

Michaela Feldhordt

1989 wurde ich das erste Mal auf Blütenessenzen aufmerksam. Ich war „ganz normale Hundehalterin" und hatte Probleme mit meinem pubertierenden Rüpelrüden Woodstock. Ein Artikel in einer Hundezeitschrift über die unglaubliche Wirkung einer Bach-Blütentherapie bei „Dominanz-Problemen" ließ mich damals neue Hoffnung schöpfen. Meine homöopathisch arbeitende Tierärztin erklärte mir auf meine Fragen hin, dass sie zwar ein Set Bach-Blütenessenzen habe, jedoch bisher keine Zeit gehabt hätte, sich näher damit zu beschäftigen. Ihr Vorschlag: „Sagen Sie mir, was Sie wollen, und ich mische es Ihnen dann zusammen…" Also kaufte ich erst einmal Literatur zum Thema (die es zu diesem Zeitpunkt kaum speziell für Tiere gab – von einem Internetzugang ganz zu schweigen) und vertiefte mich in das Studium der Blütenbilder. Die erste Therapiemischung für Woody wurde denn auch gleich ein „Schuss in den Ofen". Ich ging nämlich damals davon aus, dass sich mein Hund aus lauter Größenwahn und völlig übersteigerter Dominanz ständig in Raufereien mit körperlich deutlich überlegenen Rüden verwickeln ließ. Ziemlich enttäuscht, dass die versprochen Wirkung nicht eintrat und sich Woodstock nicht ruckzuck in ein Schäfchen wandelte, zweifelte ich am Wahrheitsgehalt des Zeitungsberichts – und erst mal nicht an mir als Therapeutin.
Bei meiner Schäferhündin Janka, einer notorischen Angstbeißerin aus dem Tierheim, wirkten die Tropfen hingegen ganz zufriedenstellend, so dass ich trotzdem dranblieb. Erst ein gutes Jahr und viele Erfahrungen später wurde mir langsam klar, dass der Super-

macho Woodstock in Wirklichkeit ein sehr unsicherer Hund war, der seine Ängste nur grandios zu überspielen verstand. Ein neuer Versuch mit einer komplett veränderten Blütenmischung im Vergleich zur ersten brachte dann auch bald eine deutliche Verbesserung in seinem Verhalten gegenüber gleichgeschlechtlichen Artgenossen.

Natürlich mussten wir noch viel trainieren, bis wir an jedem anderen Rüden locker vorbeikamen, aber der Grundstein für ein entspannteres Miteinander war gelegt – und mein Interesse, möglichst viel über die Blütenessenzen zu lernen, war nach diesem schon nicht mehr erwarteten Erfolg endgültig geweckt.

Seitdem ist „viel Wasser die Fulle runtergelaufen", wie man hier in Kassel sagt. Ich habe inzwischen eine Menge praktisches Wissen in dieser Behandlungsform erworben – und meine Erfahrungen sind so positiv, dass ich sie gerne weitergeben möchte.

Martina Albert

Einleitung

Dieses Buch soll Ihnen, lieber Hundehalter, dabei helfen, sich in dem verwirrenden Dschungel der verschiedenen Blütentherapien ein wenig besser zu orientieren. Alle hier vorgestellten Essenzen wurden von uns in vielen Jahren der Arbeit in der Verhaltenstherapie zusammengetragen und erfolgreich eingesetzt.
Dabei ist zu beachten, dass Blütenessenzen vor allem auf das seelische und geistige Befinden wirken. Erst in zweiter Linie können sie auch körperliche Beschwerden beeinflussen, die ursächlich auf seelische Probleme zurückzuführen sind.

ACHTUNG!

Eine Blütentherapie ersetzt **keineswegs** eine notwendige medizinische Behandlung oder verhaltenstherapeutische Trainingsmaßnahmen!
Sie selbst können jedoch entscheiden lernen, ob und inwieweit Sie Blütenessenzen zur Unterstützung des Heilungsprozesses und zur Besserung des Befindens Ihres Tieres einsetzen möchten.

Folgende Grundsätze bilden die Basis für eine erfolgreiche Blütentherapie:

Die eigene positive oder wenigstens neutrale Einstellung zu einer Behandlung mit den Essenzen.
Lassen Sie Ihr Tier nicht mit Blütenessenzen behandeln, wenn Sie diese Therapieform innerlich ablehnen. Die von Ihnen ausgehende Blockade könnte so stark sein, dass die Blüten nicht wirken können. Eine maßlos überzogene Erwartungshaltung seitens des Tierhalters an den Umfang der Therapie und die Wirkung von Blütenessenzen kann ebenfalls für den Therapieerfolg eher hinderlich denn nützlich sein.

Die allgemeine Tierhaltung sollte überprüft und optimiert werden.
Krankheiten, Verhaltensauffälligkeiten und psychische Störungen, die auf fehlerhafte oder schwierige Haltungsbedingungen (bezüglich der Integration in die Familie, der Passung zwischen Mensch und Hund oder mehreren Tieren innerhalb des gleichen Haushaltes, Auslastung und Pflege, der an das Tier gestellten Anforderungen, des Managements usw.) zurückzuführen sind, lassen sich weder durch Blütenessenzen noch durch andere (schulmedizinische) Mittel verbessern.

Ein möglichst harmonisches Umfeld in Familie und Lebensraum fördert den Heilungsprozess.
Hängt das Problem Ihres Hundes mit Problemen in der Familie oder in der Umgebung des Tieres zusammen, müssen diese zuerst (oder mindestens parallel) gelöst werden, bevor eine Blütentherapie wirklich greifen kann.

Was erwartet Sie nun konkret im vorliegenden Buch?

Der erste Teil beschäftigt sich mit den **Grundlagen der Blütentherapie** und mit dem, was man darüber wissen sollte, bevor man daran denkt, sie einzusetzen. Außerdem stellen wir in Kurzform die verschiedenen Essenzen vor, die wir seit Jahren in unseren Praxen nutzen. Dazu gehören nicht nur die klassischen Bach-Blüten, sondern auch einige Kalifornische Blütenessenzen, Australische Bushblüten und Essenzen aus anderen Ländern, die sich für die Anwendung bei Hunden bewährt haben.

Teil zwei beschreibt **die einzelnen Blüten** ausführlicher mit ihren Leitsymptomen, dem jeweiligen Lernziel und den möglichen Einsatzbereichen. Hier können Sie überprüfen, ob die Blüten, die Sie für Ihren Hund ausgewählt haben, tatsächlich diejenigen sind, die auch einem zweiten prüfenden Blick standhalten. Wenn Sie hier mehr als 2/3 der Symptomkästchen ankreuzen können, liegen Sie mit Ihrer Wahl recht gut. Vergleichen Sie jedoch auch die aufgeführten ähnlichen Blüten – eventuell ist eine dabei, die noch besser passt.

Dazu aber noch ein wichtiger Tipp:
Um die passende Blütenkombination zu finden, hat es sich in den meisten Fällen bewährt, sich von einem erfahrenen, jedoch *neutralen* Beobachter helfen zu lassen. Denn in vielen Fällen ist es nicht möglich, objektiv gegenüber dem eigenen Liebling zu sein – was wir übrigens immer wieder auch an uns selbst beobachtet haben…

Im Teil drei des Buches haben wir ein kleines **Repertorium** aller erwähnten Essenzen zusammengestellt, welches Ihnen nochmals die Abgrenzungen von Blüten mit ähnlichen Wirkungsfeldern verdeutlichen soll. Es ist jedoch keine ultimative Rezeptsammlung, sondern kann als hilfreicher Wegweiser oder Nachschlagewerk dienen, wenn es verantwortungsvoll genutzt wird.

Der vierte Teil schließlich ist kurzen **Fallbeschreibungen aus unseren Praxen** vorbehalten.

Auch hier möchten wir nochmals darauf hinweisen, dass ein anderes Tier mit den scheinbar gleichen Problemen wie den dort vorgestellten vielleicht eine ganz andere (abgewandelte, ergänzte, individuell komponierte) Mischung benötigt, um ein ähnlich positives Ergebnis zu erzielen. Denn die Therapie mit Blütenessenzen folgt einer holistischen, also ganzheitlichen, Betrachtung eines Lebewesens – und jedes Lebewesen, ob Mensch oder Tier, ist ein Individuum mit ganz spezifischen Bedürfnissen, mit nur ihm eigenen Erfahrungen und mit einer ganz besonderen Seele – also absolut einmalig und somit immer verschieden von allen anderen.

Einführung in die Welt der Blütenessenzen

Seit Menschengedenken stellt man in allen Kulturen der Welt Heilmittel aus verschiedenen Pflanzenteilen her. Frische oder getrocknete Blüten, Blätter, Stängel und Wurzeln oder deren alkoholische Auszüge werden seit Jahrhunderten zur Behandlung von Krankheiten und zur Linderung von Beschwerden eingesetzt.

Bereits Aufzeichnungen aus dem 16. Jahrhundert belegen, dass der berühmte Arzt, Alchimist, Mystiker und Philosoph **Paracelsus** (Theophrastus Bombastus von Hohenheim, 1493–1541) bei Sonnenaufgang den Blütentau von bestimmten Pflanzen sammelte, um damit seine aus dem Gleichgewicht geratenen Patienten zu heilen.

Der deutsche Arzt **Samuel Hahnemann** (1755–1843) entdeckte bei seinen Forschungen als einer der ersten promovierten Wissenschaftler, dass stark verdünnte Pflanzenheilmittel nicht nur den Körper, sondern auch den Geist und das Gemüt eines Menschen merklich beeinflussen können. Der Begründer der Homöopathie verdünnte (potenzierte) seine Zubereitungen daraufhin immer weiter, bis er Arzneien erhielt, die allein durch die Kraft ihrer energetischen Schwingungen die spezifischen Selbstheilungskräfte von Menschen und Tieren anregten.

Der englische Arzt, Chirurg, Pathologe, Immunologe, Bakteriologe und Homöopath **Dr. Edward Bach** (1886–1936) verwendete die Hahnemann'schen Erkenntnisse als Grundlage seiner eigenen Forschungen, wollte jedoch sicherstellen, dass in seiner Arbeit nur ungiftige und absolut unschädliche Substanzen als Heilmittel zubereitet werden. Sein Ziel war es, eine für jedermann anwendbare – und vor allem auch bezahlbare – Medizin zu kreieren, die das Übel der Krankheit an seiner Wurzel packt. Er ging dabei davon aus, dass allen körperlichen Problemen eine Disharmonie der Seele zu Grunde liegt.

Sein Motto: *Nicht allein die Symptome einer Krankheit sollen behandelt werden, sondern die Ursachen, die wiederum aus negativen Gemütsstimmungen und/ oder Charaktereigenschaften resultieren. Krankheit stellt ein Korrektiv dar, um uns vor größeren Irrtümern zu bewahren, und hat deshalb ihren Ursprung auf der Seelenebene. Also muss nicht nur die Krankheit als solche geheilt werden, sondern der gesamte Mensch.*

Ein Motto, das für die damalige Zeit sehr revolutionär klang und in Bezug auf die realen Lebensumstände des Großteils der englischen Bevölkerung einen scheinbaren Widerspruch darstellte. Armut, Seuchen, Kindbettfieber und Typhus waren an der Tagesordnung, und die Menschen mussten bereits im Kindesalter unvorstellbar harte Arbeitsbedingungen in Bergwerken, Gruben und Eisengießereien ertragen. In letzterer arbeitete

Bach übrigens selbst als Jugendlicher, um sich sein Medizinstudium finanzieren zu können. All die aus diesen schlechten Bedingungen resultierenden Erkrankungen sollten allein Folgen einer Disharmonie der Seele sein?!?

Das Gesundheitssystem, nicht nur in England, war eher ein System für Reiche, ärztliche Hilfe und Medikamente waren für die arme Bevölkerung, wenn überhaupt, nur schwer bezahlbar. Die gesamte Medizin war zudem auf Funktionalität ausgerichtet. Nicht der kranke Mensch stand im Mittelpunkt, sondern die Krankheit war es, die Symptome, die es auszumerzen galt. Eine Sichtweise, die Bach 1920 den endgültigen Schritt aus der traditionellen Medizin tun ließ.

Zuvor jedoch, 1917, erkrankte er selbst an einem äußerst bösartigen Milztumor. Seine ärztlichen Kollegen räumten ihm kaum Überlebenschancen ein. Für ihn selbst und für seine späteren Anhänger war die Erkrankung keine wirkliche Überraschung, sondern die Folge eines unglücklichen Privatlebens. Seine erste Frau starb im Frühjahr 1917, kurze Zeit später heiratete er erneut und erlitt sechs Wochen danach einen Blutsturz mit Koma, in dessen Folge der Milztumor entdeckt wurde. Halbwegs bei Kräften, stürzte er sich sogleich wieder in seine Forschungsarbeit. Er wollte die verbleibende Zeit nutzen, um endlich ein Mittel für „die wahre Heilung" zu finden.

Edward Bach überlebte die ihm prophezeiten drei Monate dank seines unbeugsamen Willens und dem dringlichen Gefühl, seine Aufgabe auf Erden noch nicht erfüllt zu haben, um ganze 19 Jahre. Er hatte am eigenen Leib erfahren, wie wichtig seelisches Wohlbefinden und Glück für die körperliche Gesundheit eines Menschen sind. Sein Sieg über die Krankheit verfestigte seinen Glauben an die Heilkraft der Seele endgültig. Er verkaufte seine gut gehende Praxis mit Labor in London, verließ seine Frau und seine kleine Tochter, um den Rest seines Lebens und seine ganze Kraft der Erforschung und Entwicklung seiner alternativen Heilmethode widmen zu können.

Dr. Bach war also nicht nur ein zunächst sehr erfolgreicher Arzt und Wissenschaftler, sondern auch ein äußerst sensitiver Mensch, der sich besonders von den Blüten der Pflanzen in seiner Umgebung seelisch angesprochen fühlte. In den blühenden Kleinoden sah er die höchste Erscheinungsform einer Pflanze, in der sich deren ganzes Wesen ausdrückt. Jahrelang beobachtete und erforschte er sehr intensiv die positiven Wirkungsweisen der verschiedenen Blüten auf sich selbst und die Befindlichkeiten seine Patienten.

Aus mehr als 100 getesteten Blüten wählte Bach letztendlich 37 und das Wasser einer Quelle aus, die für ihre heilkräftigen Eigenschaften bekannt war. Da die Zeit der Pflanzenblüte in der Regel nur sehr kurz ist und die meisten Menschen weitab von den Schönheiten der Natur lebten, musste eine Möglichkeit gefunden werden, den „Geist der Pflanzen", wie er es nannte, einzufangen.

Bereitete Bach die Blüten zu Anfang noch homöopathisch auf, entwickelte er ab 1930 sein eigenes Herstellungsverfahren für Blütenessenzen. Dadurch war er endlich in der Lage, diese Kraftquelle der Natur jederzeit an jeden Ort und zu jedem Patienten zu bringen.

Die Bach-Blütentherapie war endgültig geboren.

Die Bach-Blütentherapie

Herstellungsverfahren

Überlieferte Gewinnungsarten der Essenzen
(siehe auch Übertragung der energetischen Muster)

Um die Schwingungsmuster, die feinstoffliche Information der Blüten, ihre Heilkräfte nutzbar zu machen, müssen diese energetischen Muster gewonnen und anschließend auf so genannte Trägersubstanzen übertragen und konserviert werden.

Die erste und nach Edward Bach am höchsten zu wertende Methode ist die Übertragung der Muster auf natürliche Weise mit der Kraft und Energie der Sonne, der deshalb so genannten Sonnenmethode. Hierfür werden die am frühen Morgen gepflückten Blüten der entsprechenden Pflanzenart in kristallene Gefäße mit reinem, klaren Quellwasser gelegt und für drei bis vier Tage in die pralle Sonne gestellt.

Durch die unterschiedlichen Blütezeiten der verschiedenen Pflanzenarten kann die Sonnenmethode jedoch nicht immer angewandt werden, da die Energie unseres Zentralgestirns vor allem im Frühjahr und im Spätherbst allein nicht ausreicht.

Für diese Fälle entwickelte Bach ein genau beschriebenes zweites Verfahren, die so genannte Kochmethode. Die Blüten werden hierbei aber nicht wirklich gekocht, wie der Begriff vermuten lässt, sondern es wird den in Wasser angesetzten Blüten Energie aus künstlichen Quellen zugeführt (Siedetemperatur für ca. eine halbe Stunde), um anschließend den Informationstransfer durch die Wirkung der Sonneneinstrahlung für mindestens drei bis vier Stunden zu vollenden. Bei der Herstellung von Rock Water wird das Wasser einer unberührten, für ihre heilkräftigen Fähigkeiten bekannten Quelle in Flaschen abgefüllt.

In England werden die Blüten bis heute an denselben Stellen angebaut, an denen Edward Bach seine „Prototypen" fand. Die am frühen Morgen gesammelten, voll erblühten Blüten werden – je nach Jahreszeit – entweder mit Hilfe der Sonnen- oder der Kochmethode für die Herstellung der Essenzen verwendet.

Die so gewonnenen „mother tinctures" (Urtinkturen) werden später in einer zweiten Verdünnung in die so genannten „Stockbottles" (verkaufsfertige 5 oder 10 ml Pipettenfläschchen) gefüllt und mit Alkohol (reinem Brandy) konserviert.

Sonnenmethode (links) und Kochmethode (rechts).

Ein solches Fläschchen Blütenessenz ist vergleichbar mit einer (unbeschrifteten) CD. Jeder Silberling sieht von außen ganz gleich aus, erst beim Abspielen erkennt man, welche Tonschwingung jeweils aufgezeichnet worden ist.

Im Laufe von sieben Jahren fand Edward Bach „seine" Blüten. Insgesamt schuf er ein seiner Meinung nach komplettes System von 37 Blütenessenzen, einem heilkräftigen Quellwasser und einer feststehenden „Erste-Hilfe-Mischung" (Rescue Remedy).

Bach ordnete alle von ihm benutzten Blüten sieben Gemütsstimmungen zu

Stolz	**Grausamkeit**	**Hass**	**Egoismus**	**Unwissenheit**	**Unsicherheit**	**Habgier**

... und sah in ihnen die Ursache folgender sieben Grundkrankheiten:

- Starrheit und Steifheit als Folge von Stolz
- Schmerzen als Folge von Grausamkeit
- Temperamentsausbrüche, nervöse Überbelastung oder hysterische Zustände bei Hassgefühlen
- Neurosen als Folge von Egoismus
- Seh- und Hörstörungen als Folge von Unwissenheit
- Koordinations- und Bewegungsstörungen als Folge von Unsicherheit
- Beschwerden, die das Ausleben der eigentlichen Wünsche einschränken oder verhindern bei Habgier als vorherrschender Gemütsstimmung

(Quelle: „Bach-Blüten-Therapie" von Dr. med. vet. Heidi Kübler, Sonntag Verlag)

Heute ist die Bach-Blütentherapie die wohl bekannteste, älteste und am besten dokumentierte Blütentherapie der westlichen Welt.

In der **Humanmedizin** finden Bach-Blüten vermehrt Einsatz...

- wenn schicksalhafte Veränderungen der Lebenssituation vorausgehen
- bei psychischer Symptomatik ohne Bedarf eines Klinikaufenthaltes
- bei multifaktoriellen Beschwerden
- nach Ausschöpfen aller konventionellen therapeutischen Maßnahmen
- bei therapieresistenten, kleineren, aber hartnäckigen Störungen
- wenn im Therapieverlauf immer wieder Rezidive auftreten

Doch wie kommt man nun von diesen doch sehr theoretischen und abstrakten Gemüts- und Stimmungsbildern zu den richtigen Blüten? Wie findet man die passende Essenz bei Tieren, die entweder keine körperlichen Symptome zeigen oder deren Stimmung nicht so eindeutig zu hinterfragen ist, wie man das bei einem Menschen tun könnte?

Zur Klärung dieser Fragen verweilen wir noch einen Moment länger im überschaubaren System der Bach-Blüten, bevor wir weitere Essenzen aus aller Welt kennen lernen.

Auswahlkriterien der Bach-Blüten

Die 38 Bach-Blüten kann man grob in drei große Gruppen unterteilen:
Die Ursachen-Blüten, die Folge-Blüten und die Charakter-Blüten.
Bei der Ursachen-Blüte gibt es einen konkreten Anlass für ein Verhalten, z.B. einen Schock (also nicht den Feuerwerksknaller!). Zur Bestimmung der Folge-Blüte kann man immer nach dem „Warum?“ fragen (Ängstlichkeit, *weil...*), und eine Charakter-Blüte deckt den Bereich vererbte Anlagen oder genetisch bedingtes Verhalten ab.

Ursachen-Blüten:	Aspen, Chestnut Bud, Crab Apple, Honeysuckle, Scleranthus, Star of Bethlehem, Vervain, Walnut und Rescue Remedy
Folge-Blüten:	Agrimony, Cerato, Cherry Plum, Clematis, Elm, Gentian, Gorse, Honeysuckle, Hornbeam, Mimulus, Mustard, Olive, Pine, Rock Rose, Sweet Chestnut, White Chestnut, Wild Oat und Wild Rose
Charakter-Blüten:	Beech, Centaury, Chicory, Heather, Holly, Impatiens, Oak, Red Chestnut, Rock Water, Vine, Water Violet und Willow

Wenn es doch so einfach wäre…

…Ihr Hund hat sich während der Silvesterknallerei erschrocken, bekommt eine Anti-Schock-Blüte oder einen „Schock-Cocktail", und alles ist wieder im Lot…

Leider funktioniert das System nicht ganz so linear, denn meist kommen mehrere Faktoren zusammen: Erlebnisse aus der Vergangenheit und bereits gemachte Erfahrungen spielen plötzlich wieder eine Rolle, und ganz schnell ist das, was man ursprünglich als Ursache identifiziert hatte, genauer betrachtet eigentlich eine Folge oder basiert sogar auf einer gewissen genetischen Disposition. Das heißt konkret: Der Feuerwerksböller ist in den meisten Fällen nur ein Auslöser, aber nicht die Ursache für große Unsicherheit oder sogar eine Panikreaktion. Der Grund könnte entweder eine allgemeine Ängstlichkeit, eine mangelnde Gewöhnung an Geräusche als Junghund, die blitzartige Erinnerung an ein früheres, noch nicht bewältigtes Trauma oder auch eine rassebedingte bzw. individuelle Geräuschempfindlichkeit sein. Vielleicht haben den Hund auch überhaupt nicht die Geräusche, sondern vielmehr die Lichteffekte oder der Schwefelgeruch aus der Fassung gebracht…?

Ein weiteres Beispiel zum besseren Verständnis der notwendigen holistischen Betrachtungsweise für die Auswahl der richtigen Blüten:

Ist ein Hund, der sein Futter verteidigt und vielleicht auch Spielsachen nicht allzu gern teilen mag, habgierig? Und ist Habgier nicht eigentlich ein Ausdruck von Angst vor einem Mangel oder Verlust? Vielleicht hat der Hund schon mal tagelang hungern müssen, oder er hat früh in seinem Leben erfahren, dass man ihm das Futter streitig macht, wenn er es nicht verteidigt. Um die passende Blüte für dieses Tier zu finden, darf man also nicht nur das Symptom (hier Futteraggression) sehen, sondern muss sein Augenmerk auf das Gesamtbild des Tieres legen.

- Welche Körpersprache zeigt der Hund während der Futterverteidigung?
- Droht er offensiv oder defensiv?
- Verteidigt er sein Futter gegenüber allen oder nur gegenüber bestimmten Personen?
- Verteidigt er auch relativ flüssiges Futter oder „nur" größere Stücke?
- Zeigt er diese Futteraggression auch auf Spaziergängen im Zusammenhang mit Leckerli oder „nur" am heimischen Napf?

- Gibt es andere Situationen, in denen er sich aggressiv verhält? Wenn ja, wie sieht das aus?
- Wie selbstbewusst gibt sich der Hund generell?
- Hat er vor irgendwelchen Dingen oder Personen Angst?
- Wirkt er in manchen Situationen unsicher? Wenn ja, wie sieht das aus?
- Wie verhält er sich außerhalb der Futtersituation gegenüber der Familie oder Artgenossen?
- Usw., usw., usw....

Hier droht Shadow sehr subtil seiner Partnerin Lana, ja nicht näher an seinen Knochen heranzutreten, was diese sofort akzeptiert, obwohl in beider Beziehung sonst eher sie die Hosen anhat.

Auf diesem Foto gilt seine Verwarnung dem Kameramann, was man auf dem Bild allerdings nur am kraus gezogenen Nasenrücken erkennt. In der realen Situation kann man darüber hinaus beobachten, dass Shadows Körperhaltung total steif wird. Untermalt wird das Ganze dann noch mit einem tiefen, aber nicht wirklich lauten Knurren und einem starr fixierenden Blick aus den Augenwinkeln.

Etwas hilfreicher zur Orientierung ist deshalb eine grobe Gruppeneinteilung der Blüten. Erkennen Sie dort eine Symptomatik klar, also Angst, Unsicherheit etc., sehen Sie sich die unter dieser Kategorie aufgeführten Blütenbilder genauer an (Leitsymptome im zweiten Teil des Buches), ob die Mehrheit der dort aufgeführten Details auch wirklich zutrifft oder eine andere Blüte aus der Gruppe oder der anderen Systeme eventuell noch besser passt.

Gruppeneinteilung nach Dr. Edward Bach

Gruppe: Angst		
2	Aspen	Hund hat unbestimmte Ängste bzw. ist allgemein ängstlich.
20	Mimulus	Angst des Hundes vor konkret zu benennenden Dingen.
6	Cherry Plum	Hund hat unterdrückte Ängste, die sich in unkontrollierten Temperamentsausbrüchen äußern.
26	Rock Rose	Hund erlebt akute körperliche und/ oder seelische Paniksituationen.
25	Red Chestnut	Hund hat Angst um andere bzw. empfindet übergroße Fürsorge.

Gruppe: Unsicherheit		
5	Cerato	Hund ist unsicher, unentschlossen, weil sein natürliches Selbstvertrauen fehlt.
28	Scleranthus	Hund ist unsicher, weil er innerlich unausgeglichen ist; Hund leidet unter extremen Stimmungsschwankungen.
36	Wild Oat	Hund ist unsicher, weil er unzufrieden, gelangweilt und/ oder launisch ist; ihm fehlt Ausdauer.
12	Gentian	Hund ist unsicher, weil er misstrauisch und leicht zu entmutigen ist.
13	Gorse	Unsicherheit des Hundes auf Grund von Resignation, Kraftlosigkeit und Müdigkeit.
17	Hornbeam	Hund ist unsicher, weil er zu schwach ist, sein Leben zu bewältigen.

Gruppe: Interesselosigkeit an der Gegenwart		
9	Clematis	Hund ist insgesamt teilnahmslos und abwesend; ein „Tagträumer".
16	Honey-suckle	Hund kann sich nur schwer von vergangenen Zeiten lösen.
37	Wild Rose	Hund ist völlig apathisch und zeigt kein Interesse mehr am Leben.
23	Olive	Völlige körperliche Erschöpfung und Kraftlosigkeit des Hundes; er hat sich total verausgabt.
35	White Chestnut	Hund ist unkonzentriert und unruhig; er ist innerlich angespannt.
21	Mustard	Hund erlebt Phasen von Traurigkeit und Niedergeschlagenheit ohne erkennbare Ursache.
7	Chestnut Bud	Hund ist nicht in der Lage, aus Erfahrungen zu lernen, und macht immer wieder die gleichen Fehler.

Schock, Notfall		
Rescue Remedy		Notfalltropfen, für alle akuten körperlichen und seelischen Notfallsituationen zur Erstbehandlung des Hundes.

Gruppe: Einsamkeit, Isolation		
34	Water Violet	Hund ist/ wird isoliert, weil er stolz, unnahbar und überlegen erscheint. Diese Hunde sind oftmals Einzelgänger.
18	Impatiens	Der Hund ist/ wird isoliert, weil er sich ungeduldig und hektisch verhält.
14	Heather	Hund ist/ wird isoliert, weil er übertrieben aufdringlich und selbstbezogen ist.

Gruppe: Überempfindlichkeit gegenüber Einflüssen von außen		
1	Agrimony	Der Hund tut vieles um des lieben Friedens willen; er ist bemüht um Ruhe und Harmonie.
4	Centaury	Hund lässt sich beeinflussen, weil er extrem gutmütig, lieb und willensschwach ist.
33	Walnut	Durch wechselnde Lebensumstände ist eine gewisse innere Labilität des Hundes vorhanden.
15	Holly	Hund neigt zu unkontrollierten Reaktionen, wenn ihm etwas nicht passt.

Gruppe: Mutlosigkeit und Verzweiflung		
19	Larch	Hund hat wenig Selbstvertrauen und fühlt sich immer unterlegen.
24	Pine	Hund wirkt geduckt und unterwürfig; er hat permanent ein schlechtes Gewissen.
11	Elm	Hund fühlt sich überfordert und wirkt momentan erschöpft.
30	Sweet Chestnut	Hund hat sich völlig aufgegeben und zieht sich zurück.
29	Star of Bethlehem	Schlechte Erfahrungen und Erlebnisse des Hundes sind noch nicht verkraftet worden; Blüte gilt als der „Seelentröster“.
38	Willow	Hund ist immer misstrauisch, missmutig und schlecht gelaunt.
22	Oak	Erschöpfung des Hundes durch Überarbeitung: das „Arbeitstier“.
10	Crab Apple	Hund fühlt sich nicht wohl in seiner Haut.

Gruppe: Übertreibungen, Hund will zu viel		
8	Chicory	Der Hund verhält sich übertrieben fordernd gegenüber seiner Umgebung und versucht dauernd, auf sich aufmerksam zu machen.
31	Vervain	Hund ist hyperaktiv und willensstark: der „Anführer“.
32	Vine	Hund ist ehrgeizig, dominant und herrschsüchtig: der „Tyrann“.
27	Rock Water	Gestellte Aufgaben werden vom Hund zu ernst genommen; er zeigt unflexibles Verhalten.
3	Beech	Hund ist im höchsten Maße intolerant, ablehnend oder aggressiv gegenüber Artgenossen und Menschen.

Blüten für Tiere

In den letzten 25 Jahren wird diese Form der Behandlung auch zunehmend erfolgreich bei Tieren eingesetzt, wenn diese Verhaltensauffälligkeiten zeigen. Von Edward Bach selbst ist übrigens nur eine Geschichte über die Verabreichung bei einem Pony, das vermutlich eine Kolik hatte, überliefert (Rock Rose oder Rescue).

Erfahrungen haben aber inzwischen gezeigt, dass bei der Anwendung der Blüten bei Tieren die gleichen Grundsätze wie bei Menschen gelten, allerdings mit dem deutlichen Vorteil, dass Tiere oft wesentlich schneller und sensitiver reagieren.

Von Kritikern dieser Methode wird gern das Argument angeführt: „Wenn man stark genug daran glaubt, dann helfen Blütenessenzen vielleicht... aber der Glaube daran ist die unabdingbare Voraussetzung dafür, denn es ist ja kein Wirkstoff drin." Bei Tieren können wir diesen Placebo-Effekt als wenig wahrscheinlich einstufen.

Nicht auszuschließen ist jedoch, dass der Hundehalter eventuell seine Interaktionen mit dem Tier innerhalb der Therapie unbemerkt verändert oder (vielleicht erstmals?) besonders genau reflektiert und dass das Tier auf diese vermehrte Aufmerksamkeit anspricht. Selbst wenn das immer zuträfe (was wir aus Erfahrung negieren können), würde dies trotzdem bedeuten, dass das Leben des Tieres insgesamt verbessert, sein Leiden erleichtert wird – und das allein zählt letztendlich.

In jedem Fall gilt:

- Kein einzelnes Therapieverfahren hilft immer und bei allen! Oft erleichtert eine Blütentherapie jedoch den Einstieg in ein Desensibilisierungsprogramm, ein Verhaltenstraining, oder sie hilft dem Hund, ausgeglichener und lernbereiter zu werden. Manchmal ist es auch gerade die Kombination aus mehreren zueinander passenden Verfahren, die das aktuelle Problem des Mensch-Hund-Teams löst.

- Die Blütenessenzen sind eine Variante der alternativen Behandlung – natürlich auch mit Grenzen! Man kann damit aus einem jungen Powerpaket keine Schlaftablette machen und aus einem gesetzten älteren Herrn keinen flippigen Jungspund. Ebenso kann man nichts aus dem Tier „herauskitzeln", was nicht bereits als Anlage vorhanden ist, und Krankheiten werden auch nicht allein durch die Gabe von Blütenessenzen geheilt.

- Organerkrankungen oder Schmerzgeschehen, die eine Verhaltensänderung bewirken oder begünstigen, sollten vor einer Therapie immer ausgeschlossen/ abgeklärt werden!

Mögliche Einsatzgebiete für Blütenessenzen

Innerhalb einer Verhaltenstherapie können gut gewählte Blüten
- die Toleranzschwelle des Hundes gegenüber vielfältigen Reizen erhöhen,
- Traumata oder alte Verhaltensmuster lösen, Umlernprozesse beschleunigen,
- Ängste und Unsicherheiten verringern,
- Lernfähigkeit, Selbstständigkeit und Selbstbewusstsein des Hundes steigern,
- helfen, traumatische Erfahrungen zu verarbeiten,
- die Lebensfreude aktivieren,
- den Hund angemessene/ korrekte Distanzen finden lassen,
- den Umgang mit Autoritäten verbessern.

Im Training können die passenden Essenzen
- eine deutliche Reduzierung der Stressempfindlichkeit beim Hund bringen,
- ihn toleranter gegenüber Umweltreizen, Artgenossen, Nähe, Geräuschen und vormals negativ verknüpften Situationen werden lassen,
- sein Lernvermögen (Merkfähigkeit, Konzentration, Kreativität, Aufnahmefähigkeit) optimieren,
- beim Umgang mit Frustration helfen,
- die seelisch-emotionale Balance ausgleichen,
- Koordination und Motorik verbessern.

Einige Essenzen können die soziale Entwicklung von Hunden positiv beeinflussen, indem sie
- Abnabelungs- und Integrationsprozesse erleichtern,
- die Kommunikationsfähigkeit fördern,
- das Selbstwertgefühl und die innere Sicherheit steigern,
- helfen, bestehende Ressentiments abzubauen, und dafür

- Zuversicht und eine optimistische Lebenseinstellung fördern,
- die Teamfähigkeit verbessern,
- den Bindungsaufbau erleichtern.

Die Persönlichkeitsentwicklung eines Hundes profitiert vom Einsatz bestimmter Blütenessenzen, die

- das Selbstvertrauen aufbauen,
- die Selbstkontrolle verbessern,
- die Selbstständigkeit erhöhen,
- Blockaden und Traumata lösen,
- bisher unentdeckte Fähigkeiten entwickeln helfen,
- die Lebensfreude aktivieren,
- helfen, Unsicherheiten und Ängste zu überwinden,
- die Lernfähigkeit optimieren,
- den Bindungsaufbau und die soziale Kompetenz fördern.

In der Gesundheitsfürsorge können Blütenessenzen eingesetzt werden, um

- Erschöpfungszustände zu mildern,
- die Rekonvaleszenz zu beschleunigen,
- eine Entgiftung oder Entschlackung voranzutreiben,
- das Immunsystem zu stärken und die Selbstheilungskräfte zu mobilisieren,
- Erste-Hilfe-Maßnahmen einzuleiten,
- das allgemeine Wohlbefinden zu steigern,
- Entspannung und erholsamen Schlaf zu fördern,
- Stresserscheinungen zu lindern.

Blütenessenzen für den Hundehalter können helfen,

- wenn dieser permanent eigene Ängste, Befürchtungen oder Unsicherheit auf den Hund überträgt,
- um die Wirkung einer Therapie beim Hund zu beschleunigen oder zu vertiefen,
- seine Persönlichkeit, Entscheidungsfähigkeit und/oder Souveränität zu stärken,
- leichter zu entspannen,
- Stress besser verarbeiten zu können,
- dessen Wohlbefinden zu steigern,
- seine Kommunikationsfähigkeit und Lernvermögen zu optimieren,
- die soziale Kompetenz zu steigern und einen festen Bindungsaufbau zu unterstützen,
- eine souveräne Autorität zu entwickeln.

Anwendungshinweise und Dosierungsanleitung

Man sollte niemals zu viele verschiedene Essenzen in einer Mischung verarbeiten; in der Regel werden von uns maximal sieben verschiedene Essenzen gleichzeitig verabreicht, indem wir sie zusammen in eine so genannte Anwendungsflasche geben. Bach empfahl sogar, nicht mehr als sechs Blüten zu verwenden, unsere Erfahrung ließ uns davon geringfügig abweichen.

Warum diese Begrenzung? Würde man bei einem Klavier die Hälfte aller vorhandenen Tasten gleichzeitig anschlagen, ergäbe das auch keinen harmonischen Klang mehr. Falls der Hund am Anfang der Behandlung wirklich mehr als sieben Blüten benötigen sollte, dann ist es sinnvoller, diese auf zwei Einnahmeflaschen zu verteilen und im täglichen Wechsel zu geben. Die Mischung aus Flasche eins bekommt er an ungeraden Kalenderdaten, Nummer zwei an den geraden – so muss man sich nicht merken, welches Fläschchen jeweils gestern dran war. Bei dieser Handhabung ist dann auf eine ausgewogene Verteilung nach den Wirkungsbereichen der Essenzen zu achten.

Bei großen Hunden geben Sie 3 x tägl. 8–10 Tropfen, sonst 3 x tägl. 5 Tropfen direkt auf die Maulschleimhaut. Wenn Ihr Tier sich strikt weigert, die Blütenmischung zu nehmen, könnte es an dem leichten Alkoholgeruch liegen. Tropfen Sie in diesem Fall seine Dosis auf einen Plastiklöffel und warten Sie etwa zwei Minuten, bis sich der Restalkohol vollständig verflüchtigt hat. Lehnt der Hund die Tropfen weiterhin ab, sollte nochmals überprüft werden, ob die Blüten richtig gewählt wurden. Die meisten Tiere spüren nämlich instinktiv, ob ihnen etwas gut tut – oder eben nicht.

Manchmal ist es angebracht, Blütenessenzen in der Raumluft zu verteilen. Wir tun das gelegentlich bei Seminaren, bei denen alle Teilnehmer das gleiche Problem haben, beispielsweise bei einem Vorbereitungskurs auf Silvester. Auch bei Integrationsprozessen innerhalb eines Haushaltes hat sich diese Vorgehensweise schon oft bewährt. Dazu benötigen Sie nur ein Anwendungsfläschchen mit passendem Pumpzerstäuber (Apotheke), aus dem Sie die gewählte Blütenmischung sehr fein vernebeln können. Auch eine Verteilung mittels eines herkömmlichen Duftöl-Stövchens könnte in Frage kommen.

Einige Blüten eignen sich darüber hinaus besonders gut für eine zusätzliche äußere Anwendung, beispielsweise zur Unterstützung einer Massage oder Körperarbeit. Man kann auch ein paar Tropfen aus einer Stockbottle in Wasser geben und damit Umschläge oder Waschungen machen oder sie in einer Creme oder Salbengrundlage verrühren.

Blütenessenzen können sowohl innerlich als auch äußerlich verabreicht oder in der Raumluft vernebelt werden.

Behandlungsdauer

Bei **akuten** Erkrankungen oder geringfügigen Störungen, die noch nicht länger als drei bis vier Wochen bestehen, dauert auch die Therapie in der Regel nicht länger als vier Wochen.

Bei **chronischen** Erkrankungen oder länger bestehenden Verhaltensstörungen kann eine Dauertherapie von vier Wochen bis zu einem Jahr notwendig sein. Hierbei ist eine regelmäßige Überprüfung des Behandlungsverlaufs und der Zusammensetzung der Mischung nach spätestens sechs Wochen unerlässlich.

Erstverschlimmerung

Auch eine Blütentherapie kann wie eine Behandlung mit Homöopathika manchmal (jedoch erfahrungsgemäß selten!) nach der ersten Verabreichung intensive Reaktionen hervorrufen: Dazu können Durchfall oder Schuppenbildung gehören (besonders nach der Gabe der Reinigungsblüte Crab Apple). Einige Male wurden auch ein erhöhtes Schlafbedürfnis, deutlich intensivere Träume, vermehrte Unruhe, auffälliges Desinteresse, Winseln oder eine kurzfristige Symptom-Verschlimmerung beobachtet.

Diese Erscheinungen sind in der Regel nur vorübergehend und sollten spätestens nach drei Tagen abklingen. Falls nicht, ist das Aufsuchen des Therapeuten unbedingt erforderlich, da auch eine bisher unerkannte Erkrankung dahinterstecken könnte. Auf jeden Fall sollten Sie Ihren Behandler möglichst bald über Auffälligkeiten oder Erstverschlimmerungen informieren, er kann Ihnen sagen, ob Sie eventuell die Dosierung der Tropfen verändern oder anpassen sollten.

Unverträglichkeiten/ Wechselwirkungen mit anderen Behandlungsweisen

Blütenessenzen können ergänzend, unterstützend und problemlos parallel zu einer homöopathischen Behandlung gegeben werden, ohne dass zu befürchten wäre, dass sich die unterschiedlichen Verfahren gegenseitig negativ beeinflussen.

Eine Blütentherapie verändert auch nicht die Wirksamkeit von schulmedizinischen Medikamenten, kann aber die Entgiftung und Entschlackung zum Beispiel nach einer längeren Verabreichung von notwendigen Antibiotika, einer Narkose, Cortisonbehandlung, Wurmkur oder Impfung positiv unterstützen. Auch als Operations-Nachsorge-Maßnahme oder Rekonvaleszenz-Beschleunigung sind Blütenessenzen hervorragend geeignet. Außerdem bieten sie eine gute Hilfe bei altersbedingten Veränderungen (Geburt, juvenile Angstphasen, Pubertät, Elternschaft, nachlassende Wahrnehmungsfähigkeit, Rentnerdasein, Sterben) besonders im psychischen Bereich.

Eine allergische Reaktion auf Blütenessenzen haben wir bei Hunden in fast 15-jähriger Praxis noch nie beobachtet. Denkbar wäre aber eine Reaktion auf die alkoholischen Bestandteile von unverdünnten Blütenessenzen. Bei einer zigfach verdünnten Mischung ist dieses Risiko allerdings kaum gegeben. Wenn Sie als Hundehalter jedoch wissen, dass Ihr Tier auf eine bestimmte Blüte oder Pflanzengattung (zum Beispiel Korbblütler) allergisch reagiert, sollten Sie das unbedingt bei der Auswahl der Essenzen berücksichtigen und/ oder Ihrem Therapeuten mitteilen.

Andere Blütentherapien

Neben den original Bach-Blüten gibt es verschiedene andere Blütenessenzen, wie die Therapie mit Kalifornischen Blüten (derzeit 174 anerkannte) oder den Australischen Bushblüten (62 Blüten und 15 bewährte Kombinationen), die zum Teil jedoch so umfangreich sind, dass sie für den ungeübten Anwender schwer überschaubar sind.

Außerdem eignen sich nicht alle Blüten dieser beiden Kontinente für die Behandlung von Hunden. Viele der Essenzen beschäftigen sich mit Themen, die in einem Hundeleben oder im Zusammenleben von Menschen mit Hunden von untergeordneter Wichtigkeit sind. Dazu zählen spezielle Bereiche wie Eltern-Kind-Beziehungs-Problematik, Suchtverhalten, sexueller Missbrauch, Meditation und spirituelle Entwicklung.

Der Einsatz von einigen der Kalifornischen Essenzen kann aber vor allem in den Bereichen sinnvoll sein, wo eine **spezifischere, modernere** Symptomatik behandelt werden soll. Es sind schließlich schon einige Jahrzehnte vergangen, seit Bach seine ersten Blütenessenzen fand, und in unserem Alltag, unserem Lebensstil und in unserem Umgang mit Tieren hat sich seither enorm viel verändert. Wir sind heute tagtäglich mit Problemen konfrontiert, die es zu Bachs Zeiten – zumindest in diesem Ausmaß – nicht gegeben hat. Da wären beispielsweise die Zunahme der Umweltverschmutzung und damit verbunden die enorm gesteigerte Belastung durch Lärm, Hektik, Stress und vermehrte elektromagnetische Strahlung, Gefühle von Über- oder Unterforderung, eine unnatürliche Ernährung und die Abwendung von der Großfamilie hin zum Singledasein. Dazu kommt für unsere Hunde oft noch eine vollkommen überzogene Erwartungshaltung an einen tierischen Partner, sozusagen als Kompensation für seelische Defizite des Menschen. Auch die moderne Rassehundezucht der letzten Jahre bringt zum Teil ein erhöhtes Problempotential mit sich. Durch den teilweise sehr engen Genpool und/ oder die züchterischen Vorstellungen vom „optimalen" *Aussehen* eines Tieres kommt es in vielen Rasselinien immer öfter zu gesundheitlicher Instabilität und vermehrten Verhaltensauffälligkeiten. Alle diese Veränderungen beeinflussen nicht nur das feinstoffliche Energiefeld eines jeden Lebewesens negativ, sondern daran gekoppelt auch die Funktionen verschiedener Hormondrüsen, was wiederum zu mancherlei „Zivilisationskrankheiten" bei Menschen und mittlerweile leider auch bei Tieren führt. Diese zeitgemäßen Auslöser können die „neuen" Essenzen ergänzend zu den Bach-Blüten hervorragend auffangen. Da die Blütenessenzen aller Länder auf dieselbe Art hergestellt werden, kann man sie unserer Erfahrung nach problemlos untereinander mischen.

Hier zwei Beispiele für den gezielten Einsatz Kalifornischer Blüten:
Dill hilft beispielsweise bei allen Symptomen einer Reizüberflutung, wie sie in akuten Stresssituationen vorkommen (Unruhe, Verwirrung, Aggression, Verdauungsstörungen, Angst). Der Mensch oder das Tier fühlt sich überwältigt und erschlagen von der Fülle der Eindrücke und Informationen, die permanent auf ihn/ es einströmen...

Menschen oder Tiere, denen die Essenz **Corn** helfen kann, reagieren normalerweise verwirrt und desorientiert bis hin zur absoluten Handlungsunfähigkeit, wenn sie sich unter vielen Menschen (Artgenossen) bewegen müssen...

Ergänzende Informationen

Das System der Kalifornischen Blüten entwickelt sich ständig weiter, das heißt, dass in den nächsten Jahren sicherlich weitere Blütenessenzen erforscht und getestet werden, die dann wiederum Eingang in die Therapie finden können.

Seit 1980 leiten **Richard Katz** (Mathematiker, Physiker und Psychologe) und **Patricia Kaminsky** (Pädagogin, Botanikerin und Heilpraktikerin) die Flower Essence Society (FES) in Nevada City, Kalifornien.

Basierend auf den 38 Blütenessenzen nach Dr. Bach, mit denen beide lange Zeit ausschließlich gearbeitet hatten, erforschten und entwickelten sie die Kalifornischen Blütenessenzen, deren Wirkungsweisen den Anforderungen der modernen Zeit noch genauer entsprechen. Ihr System beinhaltet auch Blütenessenzen aus den klassischen Heilpflanzen wie Kamille, Arnika, Johanniskraut, Aloe, Lavendel, Ringelblume, Knoblauch etc., auf die Dr. Bach seinerzeit bewusst verzichtete. Auf Katz' Anwesen Terra Flora werden die FES Blütenessenzen nach dem überlieferten Verfahren Dr. Bachs, der Sonnenmethode, hergestellt. Anwender und Therapeuten auf der ganzen Welt tragen mit ihren Berichten und Beobachtungen dazu bei, dass der Erfahrungsschatz dieser Naturheilmethode ständig weiter wächst.

Unterschiede zwischen Bach-Blüten und Kalifornischen Essenzen

Während alle Bach-Blüten direkt auf die Probleme des Individuums eingehen, sind unter den Kalifornischen Essenzen viele zu finden, die das Individuum als Teil seiner sozialen Umgebung sehen und der zwischenmenschlichen bzw. zwischenartlichen Kommunikation und Gruppenharmonie dienlich sind.

Ein weiterer Unterschied besteht darin, dass man Kalifornische Blütenessenzen auch einsetzen kann, um bestimmte vorhandene Eigenschaften zu unterstützen und zu fördern. Madia und Shasta Daisy beispielsweise unterstützen die Konzentrationsfähigkeit und das systematische Denken. So können mit den Kalifornischen Blütenessenzen nicht nur negative Gemütszustände harmonisiert werden, sie können auch ganz gezielt zur Entfaltung bestimmter Anlagen und Fähigkeiten eingesetzt werden.

Außerdem gibt es in diesem System einige Schutzblüten (zum Beispiel Saint John's Wort, Angelica, Yarrow), die helfen sollen, mit zunehmender Überempfindlichkeit oder Sensibilität wie auch mit extrem belastenden Umweltbedingungen besser zurechtzukommen.

Auch in anderen Ländern werden die dort beheimateten Pflanzen erforscht, katalogisiert und auf ihre Wirkungsweise hin getestet. Ausgewählte Blütenessenzen des europäischen Kontinents und einige wichtige Australische Bushblüten (erforscht und katalogisiert von Ian White, Psychologe, Lehrer für Naturheilkunde und Kinesiologie, und dessen Frau Kristin ab dem Jahr 1987), die wir bereits erfolgreich bei Hunden oder deren Menschen eingesetzt haben, werden im Laufe dieses Buches noch vorgestellt.

Wie findet man nun die richtigen Blüten?

Meist werden die passenden Blüten mit Hilfe von Fragen/ Fragebögen bestimmt, und dies ist auch unsere bevorzugte Methodik. Gerne versenden wir auf Anfrage an unsere Kunden einen Fragebogen, den sie in Ruhe ausfüllen und möglichst noch vor dem ersten Termin an uns zurückschicken sollen. Diese Vorgehensweise hilft uns sehr bei einer gründlichen Vorbereitung des Treffens. Wir bekommen dadurch einen ersten Eindruck von der Problematik und der Einschätzung des Hundehalters und können detaillierte Zusatzfragen ausarbeiten, um letztendlich die optimale Blütenmischung für das Tier zu ermitteln. Im Anhang auf Seite 237 finden Sie ein Beispiel für einen solchen Fragebogen.

Sehr wichtig finden wir, dass der Therapeut zusätzlich zum Fragebogen oder zur persönlichen Befragung des Hundehalters das Tier, um das es geht, live oder zumindest auf Video sehen und erleben kann, um sich ein eigenes Bild von seinem Verhalten und seiner Persönlichkeit zu machen. Die Aussagen des Menschen, der sehr eng mit dem Hund zusammenlebt, sind nicht immer objektiv und meistens bereits den eigenen Interpretationen unterworfen. (Davor sind auch wir selbst nicht gefeit: Bei Blütenmischungen für die eigenen Hunde lassen wir

unsere Essenzwahl durch die neutrale Meinung eines Kollegen bestätigen oder aber in Frage stellen).

In unserem Bekanntenkreis gibt es Hundehalter, die felsenfest der Meinung sind, sie haben einen total ängstlichen Hund. Aus unserer Sicht betrachtet hat der Hund sehr wohl Angst vor bestimmten Geräuschen oder Situationen, ist aber ohne diese auslösenden Reize ein absolut selbstsicheres und aufgeschlossenes Tier.

Um die passenden Blüten auszuwählen, ist es natürlich unerlässlich, ein fundiertes Wissen über Hunde generell, deren Ausdrucksverhalten, die innerartliche Kommunikation und rassespezifischen Eigenarten zu verfügen. Es genügt nicht, sich hervorragend in den Blütenbildern auszukennen! (Ebenso wenig funktioniert natürlich der umgekehrte Fall, wenn der beste Hundekenner nur sehr lückenhafte Kenntnisse über die Blüten hat.)

Dazu ein kleines Fallbeispiel: Eine Hundehalterin ließ ihren Border Collie mit einer Blütenmischung ihrer Humantherapeutin behandeln, die das Tier als „dominant-aggressiv" einschätzte. Die Heilpraktikerin interpretierte das unverwandte Starren des Hundes und seine Lauerstellung im Angesicht eines Artgenossen als provozierenden Angriffswillen und verabreichte ihm Vine, Beech, Holly und Impatiens. Diese Mischung *konnte* nicht helfen, denn für einen Border Collie ist das beanstandete Verhalten ein völlig normaler Teil seines Verhaltensrepertoires als Hüter einer Schafherde. Es wurde bewusst jahrzehntelang züchterisch selektiert und ist eindeutig genetisch verankert!

Nun hört man ja oft, dass falsch ausgesuchte Blüten vom Körper ungenutzt wieder ausgeschieden werden. Unserer Erfahrung nach kann jedoch alles, was wirkt, durchaus auch eine Nebenwirkung haben, und dieser Fall bestätigte diesen Eindruck: Das Verhalten des Border Collies verschlimmerte sich zunehmend unter der Gabe der ungeeigneten Blütenmischung. Er wurde launisch, bellte vermehrt und schnappte auch schon mal zu. Nach Absetzen des Mittels normalisierte sich das Verhalten wieder.

Neben der Bestimmung durch ein fundiertes Gespräch (Fragebogeneinsatz) unter genauer Beobachtung der Verhaltensreaktionen in verschiedenen Situationen, die Hinweise geben können auf seelische Beschwerden, gibt es auch noch einige weitere Möglichkeiten zur Blütenauswahl. Bei allen Auswahlkriterien ist es wichtig, dass für die Bestimmung der passenden Blüte allein das Hier und Jetzt zählt, denn diesen aktuellen Zustand gilt es zu behandeln.

Weitere Auswahlmethoden zur Bestimmung von Blütenessenzen können sein:

Der Greiftest

Dieser Test wird im Humanbereich sehr gerne bei intuitiven Patienten, vor allem bei Kindern eingesetzt. Aus allen Stockbottles sucht sich der Patient mit der linken Hand scheinbar willkürlich einige aus, indem er danach greift, natürlich ohne das Etikett lesen zu können.

Abgewandelt auf Tiere lassen wir in seltenen Fällen den Hund aus einer im Vorfeld eingegrenzten Zahl von Fläschchen selbst wählen, zu welcher Blüte er intuitiv tendiert.

Dazu gibt es wiederum drei Testmöglichkeiten:

- Aus einem Themenkreis (zum Beispiel Angst) werden verschiedene Blütenessenzen an verschiedenen Stellen im Raum platziert, um herauszufinden, ob ein (und wenn ja, welches) geschlossenes Fläschchen den Vierbeiner interessiert.

- Jeweils ein Tropfen der Essenz wird auf ein Glasschälchen gegeben, dieses wird in einiger Entfernung hingestellt. Dann kann man beobachten und notieren, welche Tropfen vom Tier eventuell aufgeleckt werden oder welchen zumindest mehr Aufmerksamkeit geschenkt wird.

- In jede Hand wird jeweils eine Stockbottle genommen, dann werden dem Tier beide Hände zur Auswahl hingehalten. Die Neigung zu einer bestimmten Blüte wird dann vom Tier durch vermehrtes Interesse an dieser Hand bekundet.

Alle so gewonnenen Ergebnisse sollte man immer durch einen Gegentest (Flasche in anderer Hand, Flaschen oder Glasschälchen an andere Plätze stellen etc.) nochmals überprüfen und absichern.

Bioenergetische Testverfahren

Für diese Verfahren benötigt der Therapeut bioenergetische Materialien des zu testenden Tieres: Blut, Speichel, Federn oder Haare eignen sich hierfür besonders gut.
Mit Hilfe von Biotensor, kinesiologischem Muskeltest, aber auch von diversen Messinstrumenten werden diese Materialien zusammen mit den auszuwählenden Essenzen getestet. Der Vorteil: Das Tier muss während des manchmal langwierigen Testverfahrens nicht anwesend sein, und der Test kann gegebenenfalls auf mehrere Tage aufgeteilt werden, um bei sehr komplexen Testungen Konzentrationsverluste und daraus resultierende Fehler des Testers zu vermeiden.

- **Biotensor**

  Die Technik des Pendelns oder die Arbeit mit dem Biotensor ist für einen gut ausgebildeten Tierheilpraktiker hervorragend geeignet, die passenden Blüten zu bestimmen. Da diese Arbeit sehr viel Kraft und Konzentration kostet, eignet sie sich erfahrungsgemäß jedoch nicht für die komplette Testung aller zur Verfügung stehenden Essenzen. Eine zum Beispiel mit einem Fragebogen getroffene Vorauswahl mit diesem Hilfsmittel weiter einzugrenzen, ist hingegen durchaus eine sehr effektive Methode.

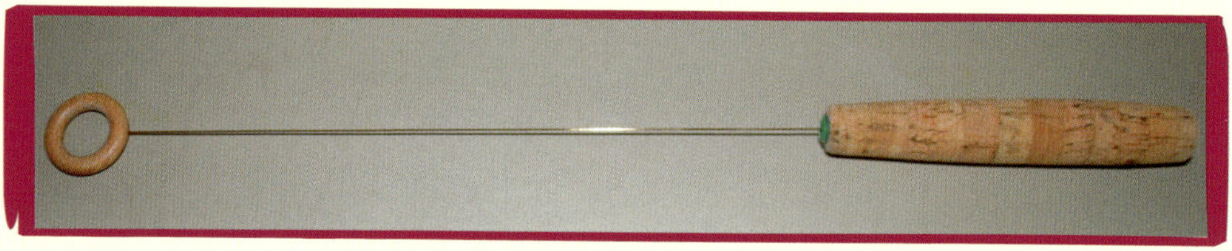

Biotensor Modell

- **Kinesiologischer Muskeltest**

  In der Kinesiologie (= TOUCH FOR HEALTH) wird der Körper bzw. ein Muskel des Patienten direkt befragt, da dieser nie „lügt". Bei dem so genannten kinesiologischen Muskeltest werden also die Blüten ausgesucht bzw. getestet, die dem menschlichen Körper gut tun, indem man mit einem einfachen Drucktestverfahren überprüft, ob zum Beispiel der Oberarmmuskel des Patienten stark oder schwach reagiert, wenn er die ausgewählte Stockbottle in der anderen Hand hält.

Eine weitere Möglichkeit für menschliche Testpersonen:
Die in Frage kommende Blütenessenz liegt locker in der linken Hand. Daumen und kleiner Finger der Hand berühren sich und bilden so einen Ring. Sollte es Daumen und Zeigefinger der rechten Hand nicht ohne größere Kraftanstrengung gelingen, diesen

Ring zu öffnen, hat man eine Blütenessenz gefunden, die der Organismus intuitiv braucht.

Bei Tieren benötigt man für diese Testform eine so genannte Surrogatperson, die als Mittler fungiert. Diese berührt mit einer Hand, in der sich die ausgewählte Stockbottle befindet, den Körper des Tieres (oder, falls der direkte Kontakt nicht möglich ist, bioenergetisches Material des Tieres, wie Federn, Fell oder notfalls auch Körperflüssigkeiten), der Test wird dann am anderen Oberarm oder der Hand durchgeführt.

Das funktioniert aber nur, wenn sich die Mittlerperson ganz auf diese Testart einstellen und ihre eigenen Bedürfnisse und Gefühle während des Tests vollkommen in den Hintergrund stellen kann, wofür meist eine entsprechende Ausbildung nötig ist. Deswegen ist es sicherlich oftmals besser, einen Fachkollegen oder eine völlig neutrale Person hinzuzuziehen, als den Hundehalter für diese Aufgabe auszuwählen.

- **Farbtest**

  Dietmar Krämer hat für die 38 Bach-Blüten eine Art Farbskala erstellt. Danach wählt man die entsprechende Bach-Blüte nach der Farbe, die man NICHT/ am wenigsten mag. Dieser Test eignet sich begrenzt und in Variation auch für unsere Tiere, da nicht das konkrete Farbsehen das ausschlaggebende Element darstellt, sondern die Schwingungen, die diese Farbe abgibt.

  Man kann große Karten mit jeweils einer Farbe auf dem Fußboden verstreuen und beobachten, zu welcher Farbe sich das Tier hingezogen fühlt beziehungsweise welche Farben/ Schwingungen es eher meidet.

Der Vollständigkeit halber sei noch erwähnt, dass manche Therapeuten auch mit Blütenkarten arbeiten. Die gibt es mittlerweile von allen im Handel erhältlichen Essenzen, sie reichen von brillanten Fotos bis hin zu skizzenhaften Bildern und Pastellmalereien. Aus diesen Karten soll man sich jene heraussuchen, die einen besonders ansprechen. Diese Methode ist für Tiere aber unserer Meinung nach nicht geeignet, da die meisten Tiere nur zweidimensional sehen können. Deshalb muss hier wieder eine Vermittlerperson die Rolle des Auswählenden übernehmen. Dabei liegt die rechte Hand auf dem Tier und mit der linken Hand werden die passenden Karten ausgewählt.

Der Hautzonentest nach Dietmar Krämer teilt verschiedenen Hautzonen am menschlichen Körper den verschiedenen Blüten zu. Er ist also auch nicht eins zu eins auf Tiere übertragbar, deren Haut in den meisten Fällen von dichtem Fell bedeckt ist. Das gilt auch für die Blütenauswahl nach dem Horoskop, was angeblich Rückschlüsse auf die charakterliche Natur zulassen soll. Diese Methode scheitert aber sowieso oft bereits im Vorfeld, da von den meisten Tieren der genaue Geburtszeitpunkt nicht bekannt ist.

Zusammenfassung:
Für die Blütenbestimmung bei Tieren eignen sich am ehesten Fragebögen und/ oder bioenergetische Testverfahren. Auch Greiftest und Farbtest können – je nach Tier und Temperament – manchmal zur Verdeutlichung hinzugezogen werden.

Herstellung einer individuellen Mischung

In ein Braunglas-Pipettenfläschchen werden pro 10 ml stillem Wasser, zum Beispiel Evian, Volvic oder in seltenen Ausnahmefällen (wenn eine Konservierung nötig ist) 2/3 Quellwasser + 1/3 Apfelessig, zwei Tropfen jeder gewählten Blütenessenz (aus den Stockbottles – jedoch maximal sieben Blüten pro Anwendungsflasche) gefüllt.

Die einzige Ausnahme bildet **Rescue Remedy**. Von dieser vorgefertigten Mischung nimmt man immer die doppelte Menge, also vier Tropfen auf 10 ml.

Beispiel für ein gebrauchsfertiges 30 ml Fläschchen :
ca. 30 ml Quellwasser + sechs Tropfen von jeder ausgewählten Blütenessenz

Haltbarkeit der Essenzen

Die Stockbottles sind bei Zimmertemperatur aufbewahrt, lichtgeschützt und ohne ständige Temperaturschwankungen im Prinzip unbegrenzt haltbar, die energetisch übertragenen Informationen sind auch nach Jahren noch voll wirksam. Da in Deutschland jedoch die Bach-Blüten unter die Apothekenpflicht fallen, ist die offizielle Kennzeichnung nach dem Arzneimittelgesetz mit einem Mindesthaltbarkeitsdatum (fünf Jahre ab Herstellung) zwingend vorgeschrieben.

Für fertig verdünnte Anwendungsfläschchen gilt die Faustregel: Die Lagerung bei Zimmertemperatur (mit Alkohol als Konservierungsmittel) ist ca. sechs Wochen möglich, ohne Konservierungsmittel ist die Mischung etwa drei Wochen haltbar.

Lagern Sie das Fläschchen mit der Blütenmischung für Ihren Hund keinesfalls zu warm (sonnige Fensterbank, Heizungsnähe) und schützen Sie es außerdem vor Strahlung jeglicher Art (Fernseher, Mikrowelle, Computer oder Ähnliches). Nach drei bis vier Wochen sollte sinnvollerweise eine Überprüfung, Neubestimmung oder Anpassung der Blütenmischung an die aktuelle Situation erfolgen.

Wirkungsweise einer Blütentherapie

Um es aber noch einmal ganz klar zu betonen: Die Blütenessenzen wirken nicht direkt im organischen, sondern immer allein im psychischen Bereich. Eine Sonderstellung haben nur die bereits erwähnten Rescue-Tropfen sowie Crab Apple, die Reinigungs-Blüte, Olive, die Regenerations-Blüte und von den Kalifornischen Blüten Self Heal, die Notfallessenz, deren Äquivalent in Australien die Emergency Essenz ist – dazu später aber mehr.

> Zu beachten ist, dass diese **Notfalltropfen**, wie der Name schon sagt, **nur für die akute Erstversorgung** (in Schocksituationen, bei Unfällen und Verletzungen als Erste-Hilfe-Maßnahme und bei Panikattacken oder Kreislaufversagen) gedacht sind, sie sollten also **generell nie mehrere Tage hintereinander als Dauertherapie eingenommen, sondern nur im Ernstfall hinzugezogen werden – dann aber so oft wie nötig.**
>
> Alle planbaren, kalkulierbaren Ereignisse, die das Tier erfahrungsgemäß seelisch aus dem Gleichgewicht bringen, sprechen wesentlich besser auf individuell abgestimmte Mischungen an als auf eine Rescue-Prophylaxe. Ob Silvesterangst, aufregende Autofahrten, Tierarztbesuche, Vermittlung in ein anderes Umfeld oder Ähnliches, ein stundenlanges vorheriges „Dopen" des Tieres im 10-Minuten-Takt mit diesem Mittel entspricht NICHT dem Anwendungsgedanken und ist eher als medizinischer Fauxpas zu betrachten!

Mit einer Blütentherapie wird immer zuerst das aktuellste Problem (Stimmung/ Symptom) angegangen und abgetragen, bis man dann irgendwann zu den Ursachen vorstößt (Zwiebelprinzip).

Wenn Ihr Hund also momentan eine Blütenmischung gegen seine erhöhte Aggressionsbereitschaft bekommt, dann kann es gut sein, dass er in ein paar Tagen oder Wochen eine Mischung gegen vermehrte Ängstlichkeit braucht. Oft ist es so, dass aggressivem Verhalten ursprünglich Unsicherheit oder eine latente Angst zu Grunde liegen, die das Tier bisher nur erfolgreich überspielen konnte.

Seelische Traumata können durch die gezielte Gabe von Blütenessenzen aufgelöst werden, ständige Disharmonien im psychischen Bereich, die bereits organische Folgen nach sich gezogen haben, können gemildert werden, und mit der Hilfe der Blüten ist es möglich, eine Heilung durch die Beseitigung von Blockaden einzuleiten.

Außerdem können Blüten regulierend bei subjektiv als negativ empfundenen Gefühlen oder Situationen (zum Beispiel Eifersucht, neue Lebenssituationen, Umzug, Baby, weiterer Hund) helfen. Sie können Schäden der Psyche, die durch nicht artgerechte Haltung, Überforderung (Eigen- und Fremdüberforderung) hervorgerufen worden sind, mildern – aber selbstverständlich nur, wenn gleichzeitig die Ursachen beseitigt werden.

Da Tiere oft ein Spiegelbild ihrer unmittelbaren Umgebung sind bzw. Schwingungen aus ihrer Umgebung sehr sensitiv aufnehmen und spiegeln, kann es sinnvoll sein, wenn der Besitzer die gleiche Blütenkombination wie sein Tier einnimmt. Manchmal kann dadurch sogar die Wirksamkeit der Therapie beim Vierbeiner unterstützt werden.

Bach-Blüten können außerdem hinzugezogen werden, wenn eine Antwort auf die Kardinalfrage, ob das Tier noch weiterleben will, gesucht wird ... und sie können ebenfalls helfen, wenn wir am Ende seines Lebens loslassen sollen/ müssen (mentale Sterbehilfe). Lesen Sie hierzu auch die Fallgeschichte „Woodstock“ im vierten Teil des Buches.

Wissenschaftliche Beweise?

Die Wirkung von Blütenessenzen kann sich nicht aus einer biochemischen Interaktion mit der Physiologie des Körpers ergeben, da in den Stockbottles mit den heutigen chemischen Analysemöglichkeiten lediglich Wasser und Alkohol, jedoch keinerlei Substanz (Wirkstoff) aus der jeweiligen Blüte nachzuweisen ist.

Wie homöopathische Heilmittel wirken die Blütenessenzen auf Grund ihrer Schwingungen. Physikalisch gesehen tragen sie das spezifische Energiemuster der jeweiligen Pflanze in sich und beeinflussen so die verschiedenen Energiefelder eines Lebewesens. Das mentale, emotionale und körperliche Wohlbefinden jedes Individuums ist aber stark von einem freien, unblockierten Fluss dieser Energiefelder abhängig.

Zum Vergleich: Wenn wir beispielsweise ein schönes Musikstück hören, das uns anspricht oder inspiriert, können dadurch Empfindungen tief in uns hervorgerufen werden, die ihrerseits unsere Atemfrequenz, den Pulsschlag und andere körperliche Reaktionen beeinflussen. Auch in diesem Fall lässt sich kein direkter chemischer oder physikalischer Vorgang innerhalb des Körpers nachweisen, und doch verändert sich unser Empfinden und manchmal auch unser Verhalten. Und genau die gleiche Musik kann bei einem anderen Menschen völlig gegenteilige Reaktionen hervorrufen.

Energiefeldfotografien verdeutlichen den Unterschied zwischen zwei vermeintlich gleichen Substanzen, die für unser Auge und unseren Geruchssinn absolut identisch sind.

Ebenso hat jede einzelne Blütenessenz und jede lebende Zelle eines Körpers ein ganz spezifisches, reproduzierbares Schwingungsbild, welches sie von allen anderen (und auch von Plagiaten) unterscheidet.

Fotografiert man beispielsweise mit dieser Technik das energetische Schwingungsmuster von Blutstropfen, die einer Person vor und nach einer Behandlung mit Blütenessenzen entnommen werden, so weisen sie beide Male völlig andere Farbspektren auf.

Mit Hilfe so genannter Color-Plate-Aufnahmen, einer Weiterentwicklung der Kirlian-Fotografie, lässt sich also die Wirkung einer Therapie mit Blütenessenzen nachweisen, ohne dass man bis heute analysieren kann, wie und warum genau das geschieht. Vielleicht gelingt diese Beweisführung ja eines Tages der Quantenphysik oder der Kybernetik.

Im Folgenden finden Sie eine Beschreibung der Wirkungsweise der einzelnen Blüten.

Bach-Blüten

Blüte	Indikation/ Transformation
Agrimony	Bei vorgetäuschter Sorglosigkeit, aber innerer Abgeschlafftheit (Pflichterfüllung um jeden Preis). Bei Muskelverkrampfung, Verstopfung, schneller Ablenkbarkeit, Neigung zu starken Hautirritationen (Furunkel, Abszesse, Ekzeme, Hot spots) oder unmotiviertem Belecken der Pfoten bei Ruhe. Bei eingeschränktem Ausdrucksverhalten (zum Beispiel durch die Zucht).
Aspen	Bei Ängstlichkeit aus nicht ersichtlichen Gründen. Antenne für Stimmungsschwankungen, Wetterfühligkeit. Das Tier kann nicht gut allein sein. Generelle Neigung zu Furchtsamkeit. Nach Misshandlungen. Bei Reisekrankheit.
Beech	Bei Intoleranz und Kontaktschwierigkeiten zu Artgenossen. Bei unausgeglichenem Wesen (rassebedingt?) und Allergien.
Centaury	Bei eigener Willensschwäche und dadurch entstehenden Überreaktionen auf Wünsche des Halters. Bei häufigen Infektionen und Verletzungen.
Cerato	Bei fehlendem Selbstvertrauen und absoluter Abhängigkeit vom Besitzer. Das Tier kann nicht allein bleiben und zeigt schlechtes Sozialverhalten schon als Welpe.
Cherry Plum	Bei häufig auftretenden unbeherrschten Gefühlsausbrüchen durch innere Anspannung (entweder überängstlich oder überaggressiv).
Chestnut Bud	Tier ist ständig unkonzentriert und neigt zur Fehlerwiederholung. Bei chronischen Erkrankungen.
Chicory	Bei Primadonnenverhalten, Selbstmitleidsausbrüchen und übertriebenem Schutztrieb. Eventuell bestehende Stoffwechsel- und Lebererkrankungen.
Clematis	Bei Interesselosigkeit, übertriebenem Schlafbedürfnis und Apathie. Bei kleineren Krankheiten, die nicht ausheilen wollen.
Crab Apple	Zur innerlichen und äußerlichen Reinigung. Bei Stoffwechselumstimmung nach Narkosen und bei Antibiotika-, Hormon- oder Beruhigungsmitteltherapie. Bei Ekzemen, Ungeziefer, Würmern, Zahnstein, Infektionen, Wunden etc.
Elm	Bei vorübergehender Verunsicherung und/ oder wenn eine größere Belastung ansteht (zum Beispiel Geburt, neue(r) Sozialpartner, Urlaub, Besitzerwechsel, Turnier etc.).

Blüte	Indikation/ Transformation
Gentian	Wenn schlechte Erfahrungen nicht verarbeitet werden können. Bei Depression nach Trennung oder Tod eines Sozialpartners. Bei Rückschlägen. Wenn körperliche Ausdauer benötigt wird (Turnier, Geburtsvorgang, längere Autofahrt, Beginn eines Konditionstrainings etc.) Für sensible Tiere mit wenig Selbstvertrauen.
Gorse	Bei Resignation, Hoffnungslosigkeit, chronischen Erkrankungen und schlecht heilenden Wunden oder Verletzungen.
Heather	Bei völlig selbstbezogen Tieren, übertriebener Anhänglichkeit; wenn das Tier ständig im Mittelpunkt stehen will, Aufmerksamkeit heischendes Verhalten zeigt, oft wehleidig und wenig beziehungsfähig ist.
Holly	Bei Eifersucht und Misstrauen. Bei schnell und heftig auftretenden Krankheiten, zum Beispiel Asthmaanfällen, Fieberschüben, sehr starken Schmerzen, Koliken oder Allergien.
Honeysuckle	Für Tiere, die nicht die kleinste Veränderung verkraften können. Wenn Besitzerwechsel ansteht und zur Aktivierung der Lebensfreude. Bei Wunden, die absolut nicht heilen wollen. Fördert die Narbenbildung.
Hornbeam	Bei mentalem Durchhängen und Antriebsschwäche. Wenn irgendwo ein Stopp auftritt. Zur allgemeinen Stärkung und Straffung.
Impatiens	Bei innerer Anspannung, Ungeduld und Gereiztheit. Bei hektischem Fressen und Neigung zu überschießenden Reaktionen.
Larch	Bei Mangel an Selbstvertrauen. Das Tier wirkt passiv, ungeschickt, tollpatschig und ist sehr nachgiebig. Nach überstandener Krankheit, damit ein akutes Geschehen nicht chronisch wird.
Mimulus	Bei Ängstlichkeit aus bestimmbaren Gründen. Das Tier ist scheu, furchtsam, nervös, schreckhaft, zurückhaltend und überempfindlich. Als Nachbehandlung bei Verletzungen und Operationen, wenn Angst vor Schmerzen erkennbar ist.
Mustard	Bei düsteren, depressiven Zuständen. Bei Bewegungsunlust und wenn das Tier schwer zu motivieren ist.
Oak	Bei unermüdlichem Durchhalten. Das Tier zeigt Frust oder Langeweile, wenn es aus seinem Aufgabengebiet zurückgezogen wird. Hilfe im Genesungsverlauf nach langer, schwerer Krankheit; für neuen Schwung.
Olive	Bei totaler Erschöpfung nach Überanstrengung oder Krankheit. Vorbeugend bei erhöhter Belastung. Zur allgemeinen Stärkung der Muskulatur und des Knochens nach Brüchen, Verstauchungen und Prellungen. Bei angeborener Schwäche.

Blüte	Indikation/ Transformation
Pine	Bei Schuldgefühlen, Selbstkritik und permanent schlechtem Gewissen. Das Tier reagiert sehr empfindlich auf Tadel, ist übervorsichtig und allen gegenüber unterwürfig.
Red Chestnut	Bei Überfürsorglichkeit, nicht loslassen können. Das „Muttertier".
Rock Rose	Bei äußerst akuten, bedrohlichen körperlichen und seelischen Zuständen wie Schocksituationen, Sonnenstich, Hitzschlag, Kreislaufversagen.
Rock Water	Bei enormer Verbissenheit und innerer Panik sowie Muskel- oder Eingeweideverkrampfungen. Bei mangelnder Flexibilität und Spontanität.
Scleranthus	Bei fehlender innerer Balance, sprunghaftem Stimmungswechsel, Launenhaftigkeit, wenig Ausdauer, schlechter Konzentrationsfähigkeit. Bei immer wieder aufbrechenden Wunden.
Star of Bethlehem	Bei unverarbeitetem Schock, der auch länger zurückliegen kann. Bei Unfall oder seelischer Erschütterung und Traumata. Auch für das Neugeborene.
Sweet Chestnut	Bei innerer Ausweglosigkeit. Bewirkt die Beschleunigung jedes Heilungsprozesses. Für Hunde an der Grenze ihrer Belastbarkeit und bei Erschöpfungszuständen.
Vervain	Für Tiere, die ihren eigenen Willen und ihre Energie jedem in ihrer Umgebung aufzwingen wollen. Überaktiv, lebhaft und anspruchsvoll treiben sie Raubbau mit ihren Kräften. Bei Marotten.
Vine	Bei rücksichtsloser Dominanz und Tyrannei. Für Tiere, die besitzergreifend, äußerst willensstark, oft fordernd und aufdringlich sind. Bei Muskelverhärtung.
Walnut	Bei Verunsicherung und Wankelmut. Zur Eingewöhnung ins neue Heim. Bei Zahnwechsel, Geburt, Kastration, Familienzuwachs und Umzug. Für alle Übergänge in neue Lebensphasen, erleichtert auch das Sterben.
Water Violet	Für Tiere, die immer auf Distanz sind, unnahbar und überlegen wirken. Sie möchten nicht gerne angefasst werden und ziehen sich in eine selbst gewählte Isolation zurück. Die Blüte hilft, sich anzupassen.
White Chestnut	Bei inneren Blockaden. Für Tiere, die nicht in der Lage sind, sich zu entspannen. Sie sind unruhig, unausgeglichen und unkonzentriert. Bei immer wiederkehrender Erkältung und ständig wiederkehrenden Verletzungen.

Blüte	Indikation/ Transformation
Wild Oat	Bei Unzufriedenheit und übersteigertem Sexualtrieb. Die Blüte ist ein „Blockadebrecher", wenn Therapien nicht anschlagen. Für Einzelgänger und Frustfresser.
Wild Rose	Bei Krankheiten mit unklaren Anzeichen. Bei Resignation, Teilnahmslosigkeit und nach großen Anstrengungen.
Willow	Bei Misstrauen und schlechter Laune, für die „beleidigte Leberwurst", bei negativer Einstellung zum Leben und bei Altersmissmut.

Rescue Remedy

Die Notfalltropfen finden idealerweise Anwendung

- bei Schreck, Schock (zum Beispiel Hitzschlag)
- bei extremer Aufregung (zum Beispiel im Wartezimmer des Tierarztes)
- nach einer Operation, vor und nach einer Geburt, als „Erste-Hilfe-Maßnahme" bei allen Verletzungen (egal, ob offene oder geschlossene Wunden), nach einem Kampf oder Unfall
- für sterbende oder todkranke Tiere und deren Halter (lesen Sie hierzu bitte auch die Fallgeschichte von Woodstock)

Rescue Remedy besteht aus den Einzelblüten:

Clematis	gegen eine drohende Ohnmacht
Cherry Plum	bei Kontrollverlust und plötzlichen Gefühlsausbrüchen
Impatiens	bei Stress und Anspannung
Rock Rose	gegen Panikgefühle und Verzweiflung
Star of Bethlehem	gegen psychischen und physischen Schock

Diese fertige Mischung wird in Notfällen (alle 10-15 Minuten) direkt aus der Stockbottle auf die Mundschleimhaut (Lefzen) geträufelt. Wenn das aus irgendwelchen Gründen nicht möglich sein sollte – auf das Stirnchakra aufgetragen tritt die Wirkung lediglich etwas zeitverzögert ein.

Auch zur lokalen Behandlung von Hautrissen, Verletzungen, nach dem Entfernen einer Zecke o.Ä. eignen sich die Notfalltropfen als Ersthelfer gut. Sie wirken durch ihren Alkoholgehalt desinfizierend und kühlend und die beruhigenden Inhaltsstoffe sind so direkt an Ort und Stelle.

Es gibt Rescue Remedy auch als Spray, Creme, Bonbons und als Globuli ohne Alkohol in der Apotheke zu kaufen.

Das Spray ist unserer Erfahrung nach absolut gleichwertig mit den Tropfen, wird aber von einigen Patienten weniger gut akzeptiert. Dies liegt wohl hauptsächlich am plötzlichen Zischgeräusch beim Pumpen, das viele Tiere mit Gefahr assoziieren.

Die im Handel ebenfalls erhältliche Rescue Creme auf Vaselinebasis beinhaltet zusätzlich noch die Blüte **Crab Apple** (zur Reinigung und Entgiftung). Sie ist allerdings wegen ihrer cremigen Konsistenz im Hundefell nicht besonders gut anwendbar.

Die Rescue-Bonbons wirken eher auf den Besitzer beruhigend, hauptsächlich wohl durch den Lutschvorgang. Die meisten Hunde würden sie sogleich hinunterschlucken, bei kleinen Tieren könnte das wegen der nicht geringen Größe der Bonbons sogar zu einer Gefahr im Hals und/ oder Rachenraum werden.

Globuli – extra und individuell hergestellt! – können vor allem für Katzen, deren Leber Alkohol nicht verarbeiten kann, eine gute Alternative darstellen. Die im Zoofachhandel angebotenen Fertigmischungen können wir dagegen nicht empfehlen.

Unsere Meinung zu einem neuen Trend

Mittlerweile drängen immer mehr Firmen und Pharmakonzerne auf den Markt, die festgelegte Mischungen von Bach-Blüten (in Form von Globuli, angeblich vollkommen alkoholfrei) „für alle Gelegenheiten" (wie der Hersteller verspricht) herstellen und über den normalen Zoohandel vertreiben, obwohl Bach-Blüten in Deutschland sonst unter die Apothekenpflicht fallen.

Hier nutzt man sehr geschäftstüchtig die Bequemlichkeit vieler Menschen, die dann praktischerweise beim Futtereinkauf schnell noch was für die Seele ihres Lieblings mitbringen, ohne den (zugegebenermaßen zeitaufwendigeren und eventuell auch teuren) Umweg über einen geschulten Therapeuten machen zu müssen.

Im Tierzubehörhandel kann man ganz einfach aus sieben Themenbereichen eine „passende" Mischung wählen, beispielsweise etwas gegen Aggression, gegen Angst, zur Steigerung der Lernbereitschaft, für die Genesung, bei Trauer, für Notfälle oder zur Entgiftung.

Diese fertigen Mischungen treffen unserer Erfahrung nach in den seltensten Fällen wirklich „des Pudels Kern". Als Beispiel: Die Mischung „Aggression" enthält die vier Blüten Holly, Vine, Impatiens und Beech. In den 15 Jahren, die wir bereits mit verhaltensauffälligen Hunden arbeiten, haben wir genau zweimal einen Hund in Behandlung gehabt, auf den diese Kombination wirklich zutraf. Bei allen anderen aggressiv reagierenden Hunden gab es immer Aspekte und Facetten ihres Verhaltens, die eine zu Grunde liegende Ängstlichkeit nahe legten, was zu einer gänzlich anderen Blütenkombination führen muss.

Misstrauisch macht uns außerdem die Empfehlung des Herstellers, die Globuli über das Futter oder Trinkwasser zu verabreichen. Blütenessenzen sollten immer über die Maulschleimhaut in den Körper aufgenommen werden! Denn sobald die Verdauung einsetzt, und das beginnt bereits beim erwartungsfrohen Speicheln, gehen die empfindlichen feinstofflichen Informationen „den Bach hinunter". Auch metallische Gegenstände (Löffel, Wasserschüssel) stören das energetische Muster und damit die Wirkung der Essenzen erheblich.

AUS DIESEN GRÜNDEN LAUTET UNSER FAZIT: BITTE KEINE 08/15-LÖSUNGEN!

Kalifornische Blütenessenzen

Blüte	Indikation/ Transformation
Angelica	In Krisenzeiten; bei neuen, bedrohlich wirkenden Situationen, in denen sich das Tier schutzlos ausgeliefert fühlt. Für Geborgenheit.
Arnica	Bei Schock oder Trauma, großen Schmerzen und schwer heilenden Wunden. Fördert innere Heilung und stärkt die Lebenskraft. Basismittel bei Therapieblockaden.
Blackberry	Wenn Tiere schnell verwirrt wirken, rast- und ruhelos sind, leicht ermüden und sich dann zurückziehen; problemlos zu motivieren sind, aber kein Durchhaltevermögen zeigen; zu Verstopfung neigen. Bei Immunsystemerkrankungen. Sinnvoller Einsatz bei Tieren, die nur im Zwinger leben (auch Tieren im Tierheim) oder zum Beispiel reinen Wohnungskatzen ohne Freilauf. Außerdem kann Blackberry die Stresssymptomatik bei Tieren, die als Therapietiere eingesetzt werden, mildern.
Bleeding Heart	Bei Unselbstständigkeit und Verlust eines Partners. Fördert emotionale Unabhängigkeit, innere Sicherheit und Stabilität. Vor allem auch für Katzen, die wimmernd, oder Hunde, die Trübsal blasend auf die Rückkehr des Halters warten. Oft erfolgreich in Kombination mit Chicory.
Borage	Für Mut, Kraft, neuen Lebensmut und Energie. Auch hilfreich gegen flache Atmung, Asthma, Bronchitis.
Buttercup	Für „Duckmäuser", fördert eine aufrechte Körperhaltung. Bewirkt außerdem eine Steigerung des Selbstwertgefühls, der inneren Ruhe und der Selbstsicherheit.
California Poppy	Abhängigkeit von ständiger Unterhaltung, das Tier kann sich nicht selbst beschäftigen. Für Zufriedenheit und Ruhe.
Cayenne	Bei Stagnationstendenzen; Opfer der eigenen Gewohnheiten, das Tier ist phlegmatisch und antriebslos.
Chamomile	Wenn das Tier launisch, gereizt, unruhig und ständig in Bewegung ist. Löst Spannungen im Magen- und Solarplexusbereich. Fördert Gleichmut, Beruhigung und Schlaf.
Chaparral	Bei gewalttätigen, traumatischen Erlebnissen, tiefen seelischen Verwundungen und bei Neigung zu Albträumen. Die Traumessenz.

Blüte	Indikation/ Transformation
Corn	Die Großstadtessenz. Bei Verwirrung und Desorientierung in Menschenmassen. Für Handlungsfähigkeit in Stresssituationen; um den Überblick zu behalten.
Cosmos	Unterstützt die Kommunikationsfähigkeiten zwischen den Arten; sehr hilfreich dort, wo verschiedene Tiergattungen oder -arten zusammentreffen; für Tiere im Training oder um einen Grundstein für eine emotionale/ psychische Basis bei Kontaktaufnahme zu legen – zwischen zwei Tieren, aber auch zwischen Mensch und Tier; sehr gut geeignet für/ bei Kontaktaufnahme mit Tierheimtieren. Besonders wirkungsvoll, wenn beide – Mensch und Tier – diese Blüte einnehmen.
Dandelion	Bei übertriebenem Ehrgeiz; bei Verkrampfungen durch unterdrückte Gefühle; bei Schlafstörungen. Für Entspannung (besonders gut bei Massagen).
Dill	Bei Reizüberflutung, Lärmempfindlichkeit und Verdauungsproblemen. Fördert die Verarbeitung von Erfahrungen.
Dogwood	Bei länger zurückliegendem Schock, Neigung zu Unfällen und Selbstzerstörung. Für Anmut und Sicherheit in der Bewegung.
Echinacea	Baut den Selbstschutz nach schwerem Trauma wieder auf. Stärkt das Immunsystem.
Fuchsia	Bei Neigung zum Drama, wenn Chicory nicht wirkt, und für Hypochonder. Für Ausgewogenheit und Ehrlichkeit im Gefühlsausdruck; hilft, innerlich zur Ruhe kommen.
Garlic	Bei nervösen Ängsten, Infektanfälligkeit und Schwäche. Stärkt und stabilisiert die Persönlichkeit und die Immunabwehr; für Widerstandskraft und Sicherheit.
Goldenrod	Für Mitläufer, bei fehlender Stabilität und fehlendem Selbstvertrauen. Wenn das Tier negative Aufmerksamkeit sucht. Pubertätsblüte.
Indian Paintbrush	Gegen Frustration. Für Kreativität, Spaß bei der Arbeit, Ausdauer und Durchhaltevermögen.
Indian Pink	Für Gelassenheit und Leistungsfähigkeit im Chaos. In Prüfungssituationen.
Larkspur	Für Pedanten und „Kleinkrämer". Fördert Gleichmut und Nachsicht.
Lavender	Bei Schlafschwierigkeiten, nervlicher Überreizung, großer innerer Unruhe, nervösen Beschwerden und psychosomatischen Störungen, Rastlosigkeit und Stress.

Blüte	Indikation/ Transformation
Lotus	Für Harmonie, Balance, Klarheit und Stärke. Auch als Abrundung einer Blütenmischung, da es alle Ebenen miteinander verbinden und harmonisieren kann.
Madia	Wenn sich das Tier leicht ablenken lässt, schnell ermüdet und/ oder ständig unkonzentriert ist.
Mallow	Bei gestörter Kontaktfähigkeit, Schüchternheit und Zurückhaltung. Für Offenheit und Vertrauen. Die Freundschaftsessenz.
Manzanita	Für eher aggressive Tiere, die zum Selbstbenagen o. Ä. neigen; wenn Tiere kränkeln und sich leicht überfordern. Manzanita hilft, Stress abzumildern, und sollte vor einschneidenden Veränderungen eingesetzt werden, zum Beispiel, wenn das Tier zum Negativismus aus mangelndem Vertrauen neigt.
Mariposa Lily	Unterstützt die Mutter-Kind-Beziehung, besonders bei Erstgebärenden oder bei Tieren, die ihren Mutterpflichten nur ungenügend oder widerwillig nachkommen. Sehr gut für Welpen, die in ein neues Zuhause kommen – dann zur Erleichterung der Umstellung. Hilfreich auch bei Ammen-Tieren, bevor sie zu den fremden Welpen kommen.
Milkweed	Bei extremer Abhängigkeit und emotionaler Unreife. Stärkt das Selbstwertgefühl und ermöglicht emotionale Stärke und Unabhängigkeit.
Morning Glory	Bei mangelnder Vitalität und Wachheit.
Oregon Grape	Bei Furcht, Misstrauen und Feindseligkeit. Das Tier erlebt die Welt als unsicher und Furcht erregend.
Penstemon	In extrem schwierigen Situationen, bei Behinderungen, einschränkenden Krankheiten und bei Selbstmordgefährdung. Für Durchhaltevermögen und Zuversicht in Krisenzeiten.
Peppermint	Bei Konzentrationsschwäche. Für Vitalität und Aufnahmefähigkeit.
Pink Monkeyflower	Bei Schamgefühl, Schuldgefühl, Kontaktlosigkeit, „Maskenträgern" und traumatischen Kindheitserlebnissen. Fördert Selbstvertrauen, Zuversicht und Beziehungsfähigkeit.
Pink Yarrow	Für Tiere, die wie ein „emotionaler Schwamm" reagieren. Bei Wetterfühligkeit und Essstörungen. Gibt seelisch-emotionalen Schutz in belastender Umgebung oder Situation.
Quaking Grass	Das Tier hat Schwierigkeiten, sich zu integrieren, es schwankt zwischen Dominanz und Unterwerfung. Für Harmonie im Rudel – die Teamessenz.
Rabbitbrush	Erweitert den Horizont und Blickwinkel und fördert die Konzentration. Für mentale Klarheit.

Blüte	Indikation/ Transformation
Red Clover	„Erste Hilfe“ bei Naturkatastrophen oder Gruppenhysterie. Bei Tendenz zu Unfällen und Selbstzerstörung. Fördert Ruhe und Gelassenheit.
Rosemary	Für geistige Fitness, Klarheit und Konzentration. Besonders bei Prüfungen für Mensch und Hund geeignet.
Saguaro	Für den Revoluzzer, der sich nicht in eine Gemeinschaft eingliedern kann und sich gegen jegliche Autorität auflehnt.
Saint John's Wort	Bei Überempfindlichkeit gegenüber Licht und Sonne. Bei Unsauberkeit aus Angst. Wirkt beruhigend und ausgleichend; stärkt den Hautschutzmantel. Für innere Sicherheit.
Self Heal	Notfallessenz, die die Selbstheilungskräfte mobilisiert. Im Gegensatz zu Rescue Remedy vorwiegend auf körperlicher Basis wirksam. Verkürzt die Rekonvaleszenzzeit (auch äußerlich anzuwenden).
Shasta Daisy	Unterstützt jeden Lernvorgang, erleichtert das Annehmen von neuen Verhaltensweisen, ermöglicht den Abbau von ständiger Angst und Sorge, Panik u. Ä. Die Tiere werden selbstständiger, kreativer, wirken weniger leicht verwirrt oder geistig abwesend.
Shooting Star	Bei Geburtskomplikationen. Das Tier reagiert bei Stress hysterisch und verliert den Boden unter den Füßen; für innere Stabilität.
Sunflower	Für Erdung und Energie, für wahre Führungsqualitäten. Bei mangelnder Vitalität, Nackenproblemen, „Halsstarrigkeit“.
Snapdragon	Bei Misstrauen; beißender Abweisung.
Star Thistle	Bei Futterneid, Besitzgier, das Tier kann allgemein nicht teilen. Für innere Sicherheit.
Sticky Monkeyflower	Bei oft bereits im Welpenalter erlebter Schocksituation, die noch nicht verarbeitet worden ist, so dass meist Vertrauen in jedes Lebewesen fehlt. Die Tiere neigen zum Bellen, zu Dominanzverhalten, Protestpinkeln und/ oder zum ausgeprägten Territoriumsmarkieren. Es kann auch Probleme beim Deckakt geben: Hündin will nicht gedeckt werden, Rüde zeigt kein Interesse.
Sweet Pea	Bei Entwurzelung aus dem sozialen Umfeld (zum Beispiel Abgabe ins Tierheim). Für Außenseiter mit Schwierigkeiten, sich auf Nähe und Bindungen einzulassen. Bei starker innerer Unruhe und Getriebensein.
Tansy	Bei Trägheit, Faulheit, die ewige Schlafmütze. Wenn Hornbeam nicht wirkt. Fehlende Begeisterung und Neugierde. Zum Durchbrechen der Lethargie.
Tiger Lily	Bei Macho-Mentalität; bei Streitsucht von Rüden.

Blüte	Indikation/ Transformation
Trillium	Das Tier ist despotisch, dominant, machthungrig. Wenn Vine nicht wirkt. Wenn Krankheit dazu dient, Macht auszuüben.
Trumpet Vine	Die Verhaltensformen wirken inadäquat: Entweder spielen diese Tiere ausgesprochen grob, oder sie sind extrem unterwürfig; oft haben sie zuchtbedingt eine eingeschränkte Ausdrucksfähigkeit und kränkeln zudem leicht.
Yarrow	Bei großer Sensibilität. Fühlt sich ausgeliefert und bedrängt in der Masse. Bei Wetterfühligkeit und Neigung zu Allergien. Allgemeine Schutzessenz (auch Strahlen, Ozon...).
Yellow Star Tulip	Bei fehlendem Mitgefühl, das Tier ist völlig selbstbezogen, unsensibel.
Yerba Santa	Bei Trauer, Melancholie, Asthma. Das Tier kann nicht tief einatmen, kann nicht durchatmen. Für innere Befreiung.

Neue Blütenessenzen aus aller Welt

Blüte	Indikation/ Transformation
Bauhinia	Die Blüte fördert Offenheit gegenüber neuen Situationen.
Bärlauch	Zur Erneuerung, Entschlackung und Steigerung der Abwehrkräfte. Gegen Frühjahrsmüdigkeit, Übersäuerung, Allergien und Darmpilze.
Birne	Bei ständigen Zweifeln und innerer Zerrissenheit. Für Geborgenheit und Entscheidungsfähigkeit.
Black Eyed Susan	Hilft hektischen und ungeduldigen Hunden, die am liebsten „mit dem Kopf durch die Wand" wollen. Diese Essenz fördert Ruhe, Geduld, Gelassenheit und Zentriertheit.
Flannel Flower	Hilft gegen Berührungsängste; hilft, Körperkontakt zuzulassen.
Gänse-blümchen	Hilfreich für Integrations- und Abnabelungsprozesse. Zur Verarbeitung von Erfahrungen und um Vertrauen zu entwickeln.
Gänsedistel	Für Kraft, Stärke und Durchhaltevermögen. Zur Entspannung nach großen Anstrengungen, schweren Erkrankungen, Operationen und Unfällen; außerdem bei Seekrankheit und Höhenangst.
Ginkgobaum	Gegen Angst vor Neuerungen oder Veränderungen. Hilft, Blockaden zu lösen und die richtige Balance zwischen Nähe und Abstand zu finden. Wirkt in angespannten Situationen ausgleichend und regulierend.
Immergrün	Für Nervenkraft, bei Hektik und dem Gefühl von Überforderung. Hilft in Prüfungssituationen und bei Schlaflosigkeit. Für Entspannung und Klarheit.
Mountain Devil	Um zu lernen, mit Wut, Ärger, Eifersucht und Misstrauen umzugehen.
Stauden-feuerkraut	Nach schwerer körperlicher oder seelischer Verwundung, zur Verarbeitung von traumatischen Erfahrungen/ alten Blockaden. Für Lebenskraft. Auch als Umschlag bei großflächigen Narben oder körperlichen Problemzonen.
Tachinaste	Für den Durchbruch. Für Neuanfänge und um sich von alten Verhaltensmustern lösen zu können.
Victoria Regia	Bei Übervorsichtigkeit, Angst vor Wandlungen oder vor dem Tod. Für Vertrauen, innere Sicherheit und Zuversicht. Bei unklaren Ängsten und Schlaflosigkeit.
Wilde Möhre	Bei Sehschwäche, gereizten Augen, Blockaden. „Die Augen öffnen", „Licht ins Dunkel bringen".

Wenn Sie sich nach Durchsicht der Kurzbeschreibung für detaillierte Informationen zu den jeweiligen Blüten interessieren oder nochmals überprüfen möchten, ob Sie wirklich die richtige Wahl getroffen haben, finden Sie im Folgenden die klassischen Leitsymptome und Einsatzbereiche aller Essenzen.

Die Bach-Blüten – ihre Leitsymptome und Einsatzbereiche

1 – AGRIMONY (GEWÖHNLICHER ODERMENNING)

die Ehrlichkeits-Blüte/ Konfrontations-Blüte

Bei unnatürlicher Fröhlichkeit und schizophrenem Verhalten. Findet Anwendung bei Hunden, die ruhelos sind und bei denen man in ihrer Handlungsweise eine gewisse Widersprüchlichkeit feststellt. Auch, wenn das Tier nicht allein bleiben mag und bei Spannungen in der Familie richtiggehend zu leiden scheint.

Das Tier...

- hat ein großes Harmoniebedürfnis, Frieden geht ihm über alles,
- ist friedlich und gesellig, aber überempfindlich (zum Beispiel gegenüber Geräuschen),
- überspielt unharmonische Zustände und Ängste,
- lässt sich trotz Krankheit leicht zu Aktivitäten motivieren,
- ist eher unterwürfig und demütig,
- fällt durch eine gewisse innere Ruhelosigkeit auf, die sich oft auch im Augenausdruck spiegelt; lässt sich leicht ablenken,
- schläft oft sehr unruhig; wirkt müde und erschöpft, wenn es sich unbeobachtet fühlt,
- verhält sich eventuell autoaggressiv.

Dieses Blütenbild trifft oft auf Tiere mit einem (meist zuchtbedingt)eingeschränkten Ausdrucksvermögen zu, z.B. Perserkatze oder Shar Pei.

Thema: Offenheit und innerer Friede – Ruhe – Heiterkeit

Fördert und unterstützt...

... die Mitteilungsbereitschaft; die Fähigkeit, Gefühle und auch starke Emotionen ausdrücken zu können; Konfliktbereitschaft; Aufrichtigkeit; Tiefe; innere Ruhe.

Lernziele:

Sich ohne „Maske“ zeigen; sich verdrängter Gefühle bewusst werden; Verletzlichkeit weniger verheimlichen; das Alleinsein besser aushalten; innerlich ruhiger werden; sich anderen „zumuten“; weniger ausweichen, sich Konflikten stellen.

Kann eingesetzt werden bei...

... Symptomen, die durch Veränderung und Kompensierung entstanden sind, wie Suchtverhalten (Ess- und Magersucht, Arbeitssucht); großer Zurückhaltung; zu großem Harmoniebedürfnis; Verheimlichung; Angst vor starken negativen Gefühlen; verdrängtem Schmerz; Rastlosigkeit; Angst vor Auseinandersetzungen; Sorgen; Scheu.

Ähnliche Blüten:

Goldenrod, Pink Monkeyflower, Sunflower

2 – ASPEN (ZITTERPAPPEL, ESPE)
die Ahnungs-Blüte

Wird eingesetzt, wenn das Tier immer ängstlich und/ oder schreckhaft ist (kann auch erbtoxisch bedingt sein). Die Blüte sollte Verwendung finden, wenn das Tier Angst in der Nacht, Angst vor Lärm, Angst vor Unbekanntem oder Unbekannten hat. Generell bei Ängstlichkeit aus nicht ersichtlichen Gründen. Diese Tiere haben eine Antenne für Stimmungsschwankungen in ihrer Umgebung, sind oft sogar wetterfühlig und können meist nicht gut allein sein; auch bei misshandelten Tieren und bei Reisekrankheit kann Aspen helfen.

Das Tier...

- neigt zu Schreckhaftigkeit,
- hat Angst vor Dingen/ Tieren, vor denen man keine Angst haben muss,
- hat Angst vor Unsichtbarem,
- hat plötzlich auftretende Ängste inmitten einer Gruppe (Menschen oder Tiere),
- schläft schlecht, schreckt häufiger auf und scheint Angst vor Dunkelheit zu haben,
- ist meist ein extrem sensibles Tier, das oft auch Angst vor dem Alleinsein hat,
- hat meist einen sehr feinen Körperbau und wirkt fast zerbrechlich,
- meidet bestimmte Orte aus Angst,
- jault, zittert vor Angst (Hund); schreit (Katzen); scheut (Pferde und Rinder).

Thema: Vertrauen – Furchtlosigkeit bei Unvorhergesehenem

Fördert und unterstützt...
... Vertrauen in das Leben; Ruhe; Entspannung; besseren Schlaf; Gelassenheit; das Gefühl, sicher und geborgen zu sein; den Mut, die Angst zu überwinden.

Lernziele:
Unerklärliche Ängste besser verstehen; vorhandene Sensitivität besser in den Alltag integrieren und sich nicht davon beherrschen lassen; sich erden.

Kann eingesetzt werden bei...
... unerklärlichen Ängsten; Verfolgungswahn; Albträumen; Schlafwandeln; leichten Wahnvorstellungen; Angst vor Dunkelheit; großer Sensibilität und zu großer Offenheit für Stimmungsübertragung; Angst vor der Angst; Angst, dass etwas Schreckliches passieren könnte.

Ähnliche Blüten:
Mimulus, Angelica, Chamomile, Garlic

3 – BEECH (ROTBUCHE)
die Toleranz-Blüte

Das Tier verhält sich intolerant und hat eine generelle Ablehnungshaltung. Es stellt die Haare hoch und fühlt sich sofort belästigt, ist eher aggressiv und leicht erregbar, hat Kontaktschwierigkeiten zu Artgenossen, ein unausgeglichenes Wesen und kann zu Allergien neigen.

Das Tier...

- verhält sich unkontrolliert aggressiv gegenüber Mensch und Tier, greift ohne Abwarten an,
- ist oft rothaarig oder hat braunes Fell,
- ist intolerant und wirkt arrogant,
- ist bei Futter oft wählerisch,
- lehnt Artgenossen grundsätzlich erst einmal ab,
- kann auf Grund seines mangelnden Selbstwertgefühls Kritik nur schlecht vertragen,
- ist oft unausgeglichen, stur und tyrannisiert Schwächere gern,
- ist häufig lärmempfindlich und leicht erregbar,
- neigt zu autoaggressiven Verhaltensweisen.

Thema: Toleranz – Verständnis – Einfühlungsvermögen

Fördert und unterstützt...

... Toleranz und Empathie; Freundschaft; Zurückhaltung; Nachsichtigkeit; Mitgefühl; Sanftheit; Großzügigkeit.

Lernziele:

Nicht sofort mit Ablehnung reagieren; sich weniger bei anderen einmischen; vermehrt das Positive im anderen sehen; sich zurücknehmen; lockerer werden.

Kann eingesetzt werden bei...

... Intoleranz; Stolz; Härte; Neigung, andere rasch zu bewerten und zu verurteilen; Verständnislosigkeit; Engstirnigkeit; Einmischung; Rechthaberei; Reizbarkeit; innerer Spannung; Boshaftigkeit; Kompensieren des eigenen Minderwertigkeitsgefühls durch Abwertung anderer; Mangel an Einfühlungsvermögen.

Ähnliche Blüten:

Impatiens, Larkspur, Tiger Lily, Relationship Essence, Sunflower, Trillium, Vine, Mountain Devil

4 – CENTAURY (ECHTES TAUSENDGÜLDENKRAUT)

die Blüte des Dienens, die Willens-Blüte

Das Tier hat ein braves, unterwürfiges Verhalten und eine eigene Willensschwäche. Sehr gutmütige Hunde, mit dem Verlust der Fähigkeit, die eigenen Eigenschaften zum Ausdruck zu bringen, und extrem unterwürfig mit dem Wunsch, seinem „Herrn" alles recht zu machen.

Das Tier...

- verhält sich meist unterwürfig oder passiv und macht dadurch einen schwachen und schüchternen Eindruck,
- hat Konzentrationsprobleme; es ermüdet schnell,
- zeigt ein übertrieben gutmütiges Verhalten; ist brav, lernwillig und braucht viel Lob,
- nimmt Ungerechtigkeiten einfach hin, lässt sich alles gefallen, lässt sich vom Futter abdrängen und unterwirft sich sofort,
- ist ängstlich und wirkt unentschlossen,
- hat ein schwaches Immunsystem, ist anfällig für Infektionen, Parasiten und Verletzungen,
- lässt sich im Sport leicht überfordern.

Thema: Durchsetzungskraft – Stärke – Abgrenzungsfähigkeit

Fördert und unterstützt...

... die Fähigkeit, sich abzugrenzen; Ausdauer; Individualität; den Ablösungsprozess von den Elterntieren; einen gesunden Egoismus; das Erwachsenwerden; die Entwicklung der Willenstärke; Integrität.

Lernziele:

Bei sich bleiben; sich besser wehren; sich nicht ausnützen und benutzen lassen; darauf vertrauen, dass man um seiner selbst willen geliebt wird, ohne ständig etwas leisten zu müssen; sich selbst und seine Wünsche nicht aufgeben; konfliktfähiger werden; die Verantwortung sich selbst gegenüber übernehmen, sich „Raum" nehmen.

Kann eingesetzt werden bei...

... Angst vor Autorität; Durchsetzungsschwierigkeiten; übertriebener Gutmütigkeit; Opferhaltung; Müdigkeit; Sucht nach Anerkennung; zu großer Anpassung; Neigung zu Unterwürfigkeit; Willensschwäche; mangelnder Abgrenzungsfähigkeit; Überforderung durch zu viel Arbeit; Schüchternheit; Überreaktion auf Wünsche anderer.

Ähnliche Blüten:

Buttercup, Garlic, Larch, Mallow, Pine

5 – CERATO (BLEIWURZ)
die Intuitions-Blüte

Dem Tier fehlt es an Selbstvertrauen, es möchte anderen gefallen und richtet sein Verhalten danach, was die Menschen von ihm erwarten. Es ist unsicher und unentschlossen, geht mit jedem mit. Es ist absolut von Menschen abhängig, kann ganz schlecht allein bleiben und zeigt oft schon als Welpe ein schlechtes Sozialverhalten seinen Artgenossen gegenüber.

Das Tier...

- wirkt unentschlossen,
- ist unsicher, gehemmt, zögernd,
- hat oftmals ein unterentwickeltes arttypisches Instinktverhalten,
- ist zu früh von der Mutter getrennt worden bzw. hat sie verloren (zum Beispiel auch aus dem Nest gefallene Vögel),
- ahmt unreflektiert das Verhalten von Artgenossen nach oder ordnet sich unter,
- zeigt kaum Eigeninitiative,
- kann nur sehr schlecht allein sein,
- gehorcht wahllos jedem und ist leicht zu beeinflussen.

Thema: Wendung nach innen – Intuition – Sicherheit

Fördert und unterstützt...

... das Vertrauen in die eigene Weisheit; das Selbstbewusstsein; das Vertrauen in eigene Entscheidungen; die Unabhängigkeit von der Meinung anderer; die Verarbeitung vieler Eindrücke.

Lernziele:

Selbstverantwortlichkeit; sich selbst und den eigenen Weg finden; sich auf sich selbst verlassen.

Kann eingesetzt werden bei...

... Mangel an Intuition; Selbstzweifel; ständiger Ratsuche; Beeinflussbarkeit; Unsicherheit; Zweifel an sich und an den eigenen Fähigkeiten.

Ähnliche Blüten:

Goldenrod, Larch, Mallow, Milkweed

6 – CHERRY PLUM (KIRSCHPFLAUME)
die Gelassenheits-Blüte, die Loslass-Blüte

Hunde zeichnen sich durch weite Pupillen, Raserei und gewalttätige Impulse aus. Für angespannte, in Stresssituationen stehende Hunde, die zu unbeherrschten Gefühlsausbrüchen neigen. Diese können entweder überängstlich (mit panikartiger Flucht) oder auch überaggressiv ausfallen.

Das Tier...

- zeigt eine Neigung zu unkontrollierten, meist aggressiven Temperamentsausbrüchen,
- wirkt unruhig,
- ist ständig auf der Suche nach irgendwas und läuft dabei ziellos hin und her,
- zeigt plötzliche und unmotivierte Wutausbrüche und geht auch auf Sozialpartner los,
- scheint ständig unter großem inneren Druck zu stehen,
- ist unfähig, sich zu entspannen,
- unterdrückt Ängste entweder oder lebt sie vollkommen übertrieben aus,
- neigt zu hysterischen Ausbrüchen,
- hat große Angst vor Feuerwerk und/ oder Gewitter,

Thema: Konstruktives Umgehen mit Aggression – Selbstkontrolle

Fördert und unterstützt...

... anstehende Entwicklungsschritte zu vollziehen; die Fähigkeit, sich innerlich entspannen und loslassen zu können; Ruhe und Gelassenheit; Selbstkontrolle.

Lernziele:

Emotionen verstehen und meistern; mehr Urvertrauen gewinnen; Gefühle nicht erst aufstauen lassen; mit Wut umgehen lernen.

Kann eingesetzt werden bei...

... großer Verzweiflung; starker Angst, dass etwas Schreckliches passieren könnte; Gefühl von Ohnmacht, Ausgeliefertsein; Wut- und Zornausbrüchen; Angstaggression; großem inneren Druck; starker Aggressivität bis hin zur Unberechenbarkeit; unterdrückten Gefühlen, die zu Bettnässen, Autoaggression, Zähneknirschen, Muskelverspannung etc. führen; cholerischen Ausbrüchen.

Ähnliche Blüten:

Dill, Holly, Oregon Grape, Shooting Star, Snapdragon

7 – CHESTNUT BUD (KNOSPE DER ROSSKASTANIE)
die Lern-Blüte

Für konzentrations- und lernschwache Hunde, die ungelehrig sind und zur Fehlerwiederholung neigen. Sie wirken zerstreut, machen stets die gleichen Dummheiten und Fehler und neigen zu chronischen Erkrankungen. Chestnut Bud kann unterstützend eingesetzt werden, um Tieren beim Training wirksame Lernmuster beizubringen und das emotionale Gedächtnis anzuregen; sie stimuliert die Fähigkeit, sich Übungen im Training leichter und nachhaltiger zu merken.

Das Tier...

- lernt nicht aus guten oder schlechten Erfahrungen,
- macht immer wieder die gleichen Fehler,
- gerät oft in Fastunfälle oder Unfälle,
- hat Konzentrationsschwierigkeiten, ist unaufmerksam,
- erinnert an Menschen mit Alzheimer-Syndrom, macht einen zerstreuten Eindruck,
- verbreitet Unordnung und Chaos,
- zeigt eine erhöhte Krankheitsanfälligkeit.

Thema: Lernfähigkeit – Reifung – Konzentration – Aufmerksamkeit

Fördert und unterstützt...

... Konzentration; Aufmerksamkeit; Merkfähigkeit; Gründlichkeit; Beobachtungsgabe; Wahrnehmungsfähigkeit; Reaktivierung der Lernfähigkeit (bei spät begonnener Ausbildung); Verarbeitung und Integration des Gelernten.

Lernziele:

Verhaltensweisen und alte Muster loslassen; Erfahrungen verarbeiten und stimmigere Verhaltensweisen finden.

Kann eingesetzt werden bei...

... Lernschwäche; Wiederholen von Fehlern, ohne aus diesen zu lernen; Langsamkeit im Begreifen; Unbelehrbarkeit; Verdrängung; Unaufmerksamkeit; Therapieresistenz; Rückfällen; Lernblockaden; Schwerfälligkeit; Eigenwilligkeit; Unbeholfenheit; geistige und/ oder körperliche Behinderung; Zerstreutheit; Koordinationsschwierigkeiten; zwanghaftem Wiederholen von Verhaltensweisen; während schwieriger Lern- und Studienphasen.

Ähnliche Blüten:

Dill, Indian Paintbrush, Immergrün, Madia, Rabbitbrush, Shasta Daisy, Tachinaste, White Chestnut

8 – CHICORY (GEWÖHNLICHE WEGWARTE, ZICHORIE)

die Mütterlichkeits-Blüte, die Taktik-Blüte

Das Tier verhält sich wie eine bedürftige Mutter, hat einen übertriebenen Schutzinstinkt, drängt sich auf, fordert Liebe. Für Tiere, die sehr besitzergreifend sind und alles für sich vereinnahmen. Organisch leiden sie oft an Stoffwechsel- und Lebererkrankungen.

Das Tier...

- ist egozentrisch, will alles kontrollieren,
- kümmert sich um den Nachwuchs mit übertriebener Fürsorge,
- erwartet diese übertriebene Fürsorge auch von seiner Bezugsperson,
- ist schnell und nachhaltig beleidigt, wenn man sein Bedürfnis nach Aufmerksamkeit nicht erwidert,
- hat ein hypochondrisches Wesen,
- ist besonders empfindlich bei Zurückweisung und leicht beleidigt,
- will ständig im Mittelpunkt stehen und ist übertrieben fordernd und aufdringlich,
- will nicht allein bleiben,
- macht mit Lauten („Kläffer"), Schlecken usw. auf sich aufmerksam.

(Die oben genannten Probleme treten häufig bei Kleinhunden auf.)

Thema: Liebe ohne Bedingung – Loslassen – Zurückhaltung

Fördert und unterstützt...

... das Loslassen; die bedingungslose Liebe; den Ausgleich zwischen Geben und Nehmen; Uneigennützigkeit; das Selbstwertgefühl; gesunde Distanz.

Lernziele:

Anderen persönliche Freiheit gewähren; sich zurücknehmen; sich nicht einmischen; erkennen, dass man Liebe und Zuneigung nicht erzwingen kann; erkennen, dass man nur behalten kann, was man loslässt.

Kann eingesetzt werden bei...

... Egoismus, Fixierung auf Partnerschaft; Angst, verlassen zu werden; „Klammern" in Beziehungen; Unfähigkeit, allein zu sein; dem Bedürfnis sich unentbehrlich zu machen; Flucht in die Krankheit, um andere an sich zu binden; gefühlsmäßiger Erpressung und Manipulation; dem Gefühl, schlecht behandelt zu werden; Tendenz zu Hysterie.

Ähnliche Blüten:

Bleeding Heart, California Poppy, Fuchsia, Heather, Milkweed, Vervain, Vine, Trillium

9 – CLEMATIS (WEISSE ODER GEMEINE WALDREBE)
die Realitäts-Blüte

Für Tagträumer, die unkonzentriert sind und manchmal nur vor sich hin starren. Clematis ist das Mittel für motivationslose, desinteressierte und passive Hunde. Sie wirken abwesend und verträumt, haben ein übertriebenes Schlafbedürfnis und neigen zu kleineren, schlecht ausheilenden Krankheiten.

Das Tier...

- ist teilnahmslos, verträumt, abwesend, vergesslich,
- hat den Bezug zur Realität verloren,
- ist eventuell autoaggressiv,
- ist ständig müde, träge und schlaff, es döst und/ oder schläft viel,
- ist unkonzentriert,
- wirkt auch nach überstandener Erkrankung noch lange antriebslos, apathisch,
- lässt sich kaum motivieren, ist desinteressiert und antriebsarm,
- hat oft kalte Ohren und Füße,
- hat einen schwachen Selbsterhaltungstrieb.

Thema: Lebendigkeit – Motivation – Interesse an der Umwelt

Fördert und unterstützt...

... das „Im-Hier-und-Jetzt-sein-Können"; die Konzentrationsfähigkeit; das Interesse am Alltag; Wachheit und Vitalität; Erdung.

Lernziele:

Sich selbst besser spüren; Eigenverantwortung übernehmen; handeln, anstatt zu träumen; mit allen vier Pfoten auf der Erde stehen; realitätsbezogener werden; Selbstdisziplin.

Kann eingesetzt werden bei...

... Zerstreutheit; Gleichgültigkeit; Lustlosigkeit; geistiger Abwesenheit; Vergesslichkeit; Unaufmerksamkeit; Desinteresse; Mangel an Disziplin; Apathie; Flucht in den Schlaf.

Ähnliche Blüten:

Gorse, Morning Glory, Peppermint, Tansy

10 – CRAB APPLE (HOLZAPFELBLÜTE)
die Reinigungs-Blüte

Für Hunde mit übertriebenem Reinlichkeitsbedürfnis, äußerliche und/oder innerlich empfundene Unsauberkeit (auch bei Parasitenbefall in Ergänzung zur tierärztlichen Behandlung einsetzbar). Weiterhin zur Stoffwechselumstimmung nach Antibiotika-, Hormon- oder Beruhigungsmittelgabe sowie bei Ekzemen, Ungeziefer, Würmern, Zahnstein, Infektionen und Wunden. Ebenfalls bewährt zur Nachbehandlung bei Vergiftungen.

Das Tier...
- zeigt übertriebenes Reinlichkeitsverhalten; Hunde putzen sich wie Katzen, Katzen meiden eine einmal benutze Toilette, Pferde und Rinder scheuern sich auffällig oft an Bäumen wie unter Zwang,
- ist sehr sensibel,
- verhält sich sehr unterwürfig,
- nimmt Futter, welches länger steht, nicht an,
- ist in allen Dingen wählerisch,
- neigt häufig zu Parasiten, Pilzen und Haut- und Gelenkerkrankungen (bitte veterinärmedizinisch abklären lassen!).

Thema: Selbstliebe – Reinigung – Entgiftung

Fördert und unterstützt...
... Selbstachtung; Selbstzufriedenheit; das Annehmen der eigenen äußeren Erscheinung; das Loslassen von negativen Gedanken; die eigene Heilkraft; die Traumfähigkeit; die körperliche, geistige und seelische Gesundheit.

Lernziele:
Selbstakzeptanz; Unvollkommenheit ertragen lernen; von sich selbst weniger fordern.

Kann eingesetzt werden bei...
... zu großem Anspruch an sich selbst; dem Gefühl, unrein zu sein; Selbsthass; Schwierigkeiten, die Sexualität als etwas Natürliches zu betrachten; hohem Ordnungssinn (Putzwut); Pedanterie; Perfektionismus; Angst, mit einem Makel behaftet zu sein; zur Unterstützung von Reinigungsprozessen wie Fasten, Therapien, Entgiftung etc.

Ähnliche Blüten:
Arnica, Bärlauch, Garlic

11 – ELM (ULME)
die Verantwortungs-Blüte, die Verzweiflungs-Blüte

Für Tiere des kräftigen Typus, die aber schnell überfordert und müde sind (homöopathischer Calcium-carbonicum-Typ). Für Hunde mit geringem Selbstvertrauen und innerer Sicherheit, die sich in dem Wunsch verausgaben, alles perfekt haben zu wollen. Sie verweigern womöglich ihre Mahlzeit, wenn sie nicht genau so zubereitet ist wie gewünscht, oder schlafen nicht, wenn die Decke nicht so liegt wie erwartet. Meist sind diese Verunsicherungen vorübergehend oder treten auf, wenn größere Belastungen anstehen (Urlaub, Besitzerwechsel, Geburt etc.).

Das Tier...
- fühlt sich ständig verantwortlich,
- fühlt sich leicht überfordert und ist schnell gestresst,
- lässt sich nur schwer motivieren, aus eigenem Antrieb heraus macht es kaum etwas,
- hat meist große Probleme, sich länger auf eine Sache zu konzentrieren,
- scheint immer irgendwie erschöpft und niedergeschlagen zu sein,
- hat wenig Selbstvertrauen und ist oft nervös.

Tiere, die leistungswillig und zuverlässig waren, sind den Anforderungen nicht mehr gewachsen. **(Hier UNBEDINGT prüfen, ob die Tiere nicht wirklich überfordert sind!)**

Thema: Zutrauen – Mut und Zuversicht – Perfektionismus

Fördert und unterstützt...
... das Vertrauen in die eigene Leistungsfähigkeit; Kraftzuwachs; Mut; Selbstsicherheit; Ausdauer; Nachsicht mit sich selbst; Selbstvertrauen; Unerschütterlichkeit.

Lernziele:
Auf Hilfe vertrauen; sich weniger aufbürden.

Kann eingesetzt werden bei...
... Veränderungen aller Art (Urlaub, Turnierwochenende etc.); Überforderung; Unzufriedenheit mit sich selbst; kurzfristiger Entmutigung oder dem Gefühl zu versagen; Blockaden; Prüfungsängsten; dem plötzlichen Gefühl, einer Aufgabe nicht gewachsen zu sein; kurzfristiger Kraftlosigkeit; Verzagtheit; Zweifel an sich und an der eigenen Leistungskraft; Gefühl von Unzulänglichkeit.

Ähnliche Blüten:
Borage, Ginkgobaum, Gorse, Oak, Mustard, Yerba Santa

12 – GENTIAN
(HERBSTENZIAN, BITTERER ENZIAN)
die Glaubens-Blüte, die Skeptiker-Blüte

Wenn das Tier generell keinerlei Neuerungen mag und misstrauisch, übervorsichtig und leicht entmutigt ist. Für Tiere, die schlechte Erfahrungen nicht verarbeiten können, nach Trennung oder Tod zu Depressionen neigen und oftmals sehr sensibel sind. Gentian kann hilfreich sein bei Rückschlägen oder wenn körperliche Ausdauer benötigt wird (Turnier, Geburt, längere Autofahrt etc.).

Das Tier...

- ist misstrauisch und übervorsichtig,
- nähert sich Unbekanntem nur mit äußerster Vorsicht, zieht sich aber lieber von vornherein zurück,
- hat wenig Selbstvertrauen und nur eine begrenzte Ausdauer,
- findet keine Bezugsperson, kann kein Vertrauensverhältnis aufbauen,
- lässt sich leicht entmutigen und kann selbstzerstörerisches Verhalten zeigen,
- weicht bei Berührung oder Handfütterung zurück,
- verkriecht sich nach dem geringsten Tadel und gibt schnell auf.

Gentian ist häufig angezeigt bei Besitzerwechsel oder Partnerverlust. Die Ursache für das Misstrauen kann natürlich auch in einer besonders negativen Erfahrung in der Vergangenheit des Hundes liegen. In diesem Fall sollte zusätzlich eine Blüte gewählt werden, die in der Lage ist, alte Schocks aufzuarbeiten, beispielsweise Star of Bethlehem oder Dogwood.

Thema: Mut – Glaube – Erleichterung – Optimismus

Fördert und unterstützt...

... die Ausdauer; die positive Auseinandersetzung mit Trauer, Schicksalsschlägen und anderen Krisen; Optimismus und Heiterkeit; gelassenen Mut und Zuversicht.

Lernziele:

Große Herausforderungen meistern; ausdauernder werden; positives Denken.

Kann eingesetzt werden bei...

... Enttäuschung; Selbstzweifeln; Entmutigung; Zweifeln; Verzagtheit; Negativität; Niedergeschlagenheit; Mangel an Ausdauer; Rückschlägen (bei Krankheit, im Training, im therapeutischen Prozess und bei allgemeinen Aufgaben); Mangel an Selbstvertrauen; negativen Erwartungshaltungen; Skepsis; Depression bekannter Ursache.

Ähnliche Blüten:

Birne, Gorse, Larch, Oregon Grape, Penstemon, Pine

13 – GORSE (STECHGINSTER)
die Hoffnungs-Blüte

Gorse hilft bei Müdigkeit, Resignation, Kraftlosigkeit (auch hervorgerufen durch Krankheit). Für Hunde mit geringem Lebenswillen, nach schwerer Erkrankung mit Erschöpfung, bei Hoffnungslosigkeit, mangelndem Antrieb, Neigung zu chronischen Erkrankungen, schlecht heilenden Wunden und Verletzungen.

Das Tier...

- scheint bereits resigniert zu haben, ist apathisch, interesselos, irgendwie traurig und gleichgültig gegenüber seiner Umwelt,
- vernachlässigt sich: Katzen putzen sich nicht mehr, Pferde beginnen zu weben oder zu koppen,
- ist selbstbezogen, überanhänglich,
- versucht sich ständig in den Mittelpunkt zu drängen,
- verweigert Futter, ist zeitweise unsauber,
- will nicht vor die Türe, wirkt kraftlos und erschöpft,
- hat oft eine lange Leidensgeschichte hinter sich.

Gorse ist bewährt bei chronischen Erkrankungen; wird selten einzeln verabreicht, häufiger mit Hornbeam oder Wild Rose.

Thema: Hoffnung – positive Einstellung

Fördert und unterstützt...

... den Lebensmut und Glauben; die Hoffnung auf Genesung; Freude und Sorglosigkeit; Vertrauen in das Leben; geistige und seelische Gesundheit; positive Gedankenkraft.

Lernziele:

Krankheiten, Schwierigkeiten und Schicksalsschläge als Lernchancen ansehen und mehr Vertrauen in das Leben gewinnen; sich nicht aufgeben; aktiv etwas zum eigenen Genesungsprozess beitragen.

Kann eingesetzt werden bei...

... großer Hoffnungslosigkeit sowie Sorge, nicht mehr gesund zu werden; Verzweiflung; mangelnder Motivation; Gefühl der Sinnlosigkeit; Resignation; Kraftlosigkeit; schwachem Lebensimpuls.

Ähnliche Blüten:

Garlic, Morning Glory, Saint John's Wort, Tansy, Victoria Regia, Yarrow

14 – HEATHER (MOOSHEIDE)
die Identitäts-Blüte, die Selbstbezogenheits-Blüte

Für Hunde mit hohem Zuwendungsbedürfnis, die damit schon lästig und aufdringlich werden, sich verhalten wie ein bedürftiges Kleinkind und ständig Liebe und Beachtung fordern. Sie neigen zur Selbstbezogenheit, sind sehr besitzergreifend und wollen immer an erster Stelle stehen.

Das Tier...

- zeigt eine übertriebene Anhänglichkeit, erwartet Beachtung, Anerkennung und Aufmerksamkeit und drängt sich in den Mittelpunkt,
- verfolgt die Bezugsperson auf Schritt und Tritt,
- verrichtet sein „Geschäft“ in der Wohnung, wenn es allein ist,
- sucht unaufhörlich die Nähe von Tieren oder Menschen,
- nervend, unfolgsam, wehleidig,
- macht durch Laute, Kratzen, Anstoßen auf sich aufmerksam,
- sucht viel körperlichen Kontakt und ist dabei nicht wählerisch.

Heather ist die typische Blüte für Klein- und Schoßhunde (zusammen mit Chicory).

Thema: Beziehungsfähigkeit – Zuhören – Teilen – Akzeptanz

Fördert und unterstützt...

... Distanz und Zurückhaltung; bessere Beziehungsfähigkeit; das Lernen von Verzicht; den Ausgleich zwischen Nehmen und Geben; Selbstverantwortlichkeit.

Lernziele:

Sich Liebe nicht erzwingen wollen; sich zurücknehmen; mit sich allein sein können; anderen Raum geben, sie loslassen; Selbstliebe; nicht ständig das „bedürftige Kleinkind“ raushängen lassen; sich in sich selbst geborgen fühlen.

Kann eingesetzt werden bei...

... Einsamkeit; übertriebener Gesprächigkeit; Angst, nicht geliebt zu werden; Hunger nach Zuwendung; Distanzlosigkeit; Anhänglichkeit; großer seelischer Not; Desinteresse an anderen; dem Drang, im Mittelpunkt stehen zu wollen; Zwanghaftigkeit; Hypochondrie; Selbstsucht; Opferhaltung; Selbstmitleid; Mangel an Einfühlungsvermögen; der Neigung, andere durch eine fordernde Haltung auszulaugen; Ichbezogenheit.

Ähnliche Blüten:

Bleeding Heart, California Poppy, Chicory, Star Thistle, Trillium, Vine

15 – HOLLY (STECHPALME)
die Herzöffnungs-Blüte, die Liebes-Blüte

Für Hunde, die zu heftigen Wutausbrüchen, Hassgefühlen, Angriffslust, Misstrauen, Aggression und echter Eifersucht neigen. Parallel dazu leiden sie oft unter schnell und heftig auftretenden Krankheiten wie Fieberschüben, Asthma, Koliken oder Allergieschüben.

Das Tier...

- verhält sich feindselig, aggressiv, eifersüchtig, neidisch,
- ist erfüllt von unterschwelligem Zorn, der bei jeder Gelegenheit ausbricht,
- richtet seinen Zorn kontrolliert gegen nicht akzeptierte Personen oder Artgenossen (im Gegensatz zur Beech-Indikation), zum Beispiel Baby, Partner der Bezugsperson, neues Tier, etc.,
- hat oftmals Wunden, die partout nicht heilen wollen.

Thema: Liebe und Vertrauen – Selbstkontrolle

Fördert und unterstützt...

... Nächstenliebe; Liebesfähigkeit; das Vertrauen, dass das Leben für alle genug bereit hält; Verständnis für andere; bessere Beziehung unter Sozialpartnern; Zuneigung; Freundschaft; Harmonie.

Lernziele:

Konstruktiv streiten; mit anderen teilen; liebevolles Verhalten; weniger schnell gekränkt reagieren; die Bedürfnisse anderer wahrnehmen; sich entspannen können.

Kann eingesetzt werden bei...

... Eifersucht; Neid; Ärger; Egoismus; Hassgefühlen; Rivalität; Wut; Ressentiments; Aggressivität; Widerstandshaltung; Destruktivität; Verhärtung; negativen Gefühlen; Liebeskummer; Groll; Zorn; Gewalttätigkeit; besitzergreifender Persönlichkeitsstruktur; Streitsucht; Misstrauen; dem Gefühl, ungeliebt zu sein; dem Gefühl, dass andere bevorzugt werden.

Ähnliche Blüten:

Impatiens, Larkspur, Mountain Devil, Snapdragon, Tiger Lily

16 – HONEYSUCKLE (GEISSBLATT)
die Vergangenheits-Blüte

Für Hunde, die unter Heimweh leiden, mit Veränderungen nicht klar kommen und sich nur schwer an ein neues Heim gewöhnen können. Sie sind mit ihrer Lebenssituation sichtlich überfordert und hängen der Vergangenheit nach (zum Beispiel beim Wegfall der Bezugsperson). Die Tiere neigen darüber hinaus zu Wunden, die absolut nicht heilen wollen, und zur Narbenbildung.

Das Tier...

- ist nicht bereit, sich mit neuen Situationen zu beschäftigen,
- träumt und döst viel, ist nicht präsent,
- zieht sich gerne in dunkle Ecken zurück, meidet generell neue Situationen,
- hat große Probleme bei Orts- und/ oder Wohnungswechsel,
- verkriecht sich in neuer Umgebung und hat auch keinerlei Motivation, das Terrain zu erkunden,
- tendiert dazu, eine Verweigerungshaltung einzunehmen, lehnt z. B. Leckerbissen ab, verweigert das Trinken,
- löst sich nur schwer von vergangenen Situationen,
- kann den Verlust vertrauter Menschen oder Tiere sehr schlecht verkraften und sitzt entweder traurig bzw. apathisch da oder jammert, wimmert, heult viel.

Honeysuckle wird oft in Verbindung mit Star of Bethlehem und Walnut gegeben.

Thema: Loslassen der Vergangenheit – Leben in der Gegenwart

Fördert und unterstützt...

... das Abschütteln von Vergangenem; das Loslassen von früheren Beziehungen, Mustern und überholten Botschaften; das vertrauensvolle Hineingehen in die Zukunft.

Lernziele:

Im Hier und Jetzt leben; traumatische Erlebnisse und Zeiten hinter sich lassen; alte Glaubensgrundsätze aufgeben; die Erfahrungen der Vergangenheit integrieren; loslassen von Beziehungen, Gewohnheiten etc.

Kann eingesetzt werden bei...

... Heimweh; Übersiedlung in neue Familie; nach dem Verlust von Sozialpartnern; Rückzug aus dem „Arbeitsleben“; Einstieg in neues Training; Tierheim- oder Pensionsaufenthalt; Umzug; Familienzuwachs.

Ähnliche Blüten:

Bleeding Heart, Ginkgobaum, Tachinaste, Victoria Regia, Walnut

17 – HORNBEAM (HAINBUCHE)
die Spannkraft-Blüte, die Müdigkeits-Blüte

Hornbeam ist die Müdigkeits- und Schwächeblüte (auch zur Unterstützung bei organischer Ursache). Für erschöpft wirkende und unmotivierte Hunde, die zum Beispiel unter Morgenmüdigkeit und/ oder an mangelndem Mut leiden. Die Tiere können nach einem Unfall oder einer Krankheit keinen normalen Rhythmus mehr aufnehmen, sie „hängen mental durch".

Das Tier...
- ist lustlos und träge, lässt sich nur schwer zu Aktivitäten motivieren,
- ist schlaff und schwach, scheint von einer bleiernen Müdigkeit ergriffen,
- ist schnell erschöpft und überfordert,
- hat keine Spannkraft, ist wenig lebhaft und unmotiviert,
- hat Konzentrationsschwierigkeiten,
- will nicht fressen,
- neigt häufig zu Bindegewebsschwäche und geröteten Augen.

Hornbeam empfiehlt sich zur Nachbehandlung von Krankheiten.
Prüfen Sie bitte, ob das Tier nicht tatsächlich überfordert wird!

Thema: Freude – Vitalität – Wachheit – Wahrnehmungsfähigkeit

Fördert und unterstützt...
... Heiterkeit; Lebendigkeit; Freude am Alltag; Interesse am Leben; Schwung; Kraft; Munterkeit; die geistige Frische; die Bereitschaft, sich dem Alltag zu stellen; die Kreativität; die innere Zufriedenheit.

Lernziele:
Den Tag freudig beginnen; Veränderungen begrüßen; die täglichen Verpflichtungen meistern; eine Aufgabe finden; körperliche Bedürfnisse besser spüren und äußern.

Kann eingesetzt werden bei...
... Unzufriedenheit; Lustlosigkeit (vor allem morgens); geistiger Müdigkeit; Überforderung; Erschöpfungszuständen; Langeweile; Frustration; einseitiger Lebensführung; Müdigkeit; Belastung; Schwäche; bei Unlust, sich zu bewegen; Zweifel an der eigenen Leistungsfähigkeit; Mangel an Kreativität.

Ähnliche Blüten:
Cayenne, Morning Glory, Peppermint, Yerba Santa, Wilde Möhre

18 – IMPATIENS (DRÜSENTRAGENDES SPRINGKRAUT)
die Zeit-Blüte, die Ungedulds-Blüte

Für nervöse, leicht reizbare Hunde, die ungeduldig und unbeherrscht sind. Alles wollen sie sofort. Die Augen sind lebendig, das überspielt aber oft eine leichte Ängstlichkeit. Die Tiere zeigen häufig Gereiztheit und überschießende Reaktionen (**Achtung: ggf. auf Schilddrüsenfehlfunktion untersuchen!**).

Das Tier...
- ist ungeduldig, unzufrieden, unkonzentriert,
- neigt zu überschießenden Reaktionen,
- ist hektisch, leicht gereizt und empfindlich,
- ist auf Grund der Anstrengung schnell müde und erschöpft,
- verschlingt sein Futter nahezu unzerkaut – Erbrechen kann die Folge sein,
- steht ständig unter Spannung, kann nicht abwarten, drängt sich nach vorne,
- zeigt Ungeduld, die rasch in Aggression umschlägt.

Haltungsbedingungen und Schilddrüsenfunktion sind zu überprüfen!

Thema: Geduld – Zeit – innere Ruhe – Selbstbeherrschung

Fördert und unterstützt...
... innere Ruhe und Gelassenheit; Geduld mit sich selbst und anderen; Nachsicht mit dem langsameren Tempo anderer; Zurückhaltung; Behutsamkeit; den liebevolleren Umgang mit Gegenständen.

Lernziele:
Bei sich bleiben; sich und anderen Zeit lassen; ein liebevolleres Umgehen mit sich und anderen; langsamer werden; besser genießen können.

Kann eingesetzt werden bei...
... großer Ungeduld; enormem Tempo; schnellem Essen, Gehen und Handeln; Übereilung von Entschlüssen; Hektik; innerer Unruhe; Zerstreutheit; Reizbarkeit; Druck; Fahrigkeit; Stress; Rast- und Ruhelosigkeit; Neigung zur Flucht vor sich selbst; Hyperaktivität; Angst, etwas zu versäumen; chaotischer Energie; großer Anspannung; Erschöpfung; Nervosität; Wutausbrüchen; Jähzorn; Impulsivität; Zappeligkeit.

Ähnliche Blüten:
Chamomile, Cherry Plum, Lavender, Scleranthus, Vervain

19 – LARCH (LÄRCHE)
die Selbstvertrauens-Blüte

Für Tiere, die übervorsichtig aus mangelndem Selbstvertrauen sind. Für Hunde, die Furcht haben zu versagen. Sie scheuen sich vor Anstrengung und neigen dazu, akute Krankheiten zu chronifizieren.

Das Tier...

- hat kaum Selbstwertgefühl, eher schon einen Minderwertigkeitskomplex,
- hat Schwierigkeiten im Umgang mit Artgenossen,
- schaut zu, bis alle gefressen haben, bevor es sich dann an den Napf wagt,
- leidet still vor sich hin, ist passiv,
- wirkt ungeschickt bis tollpatschig, braucht sehr viel Lob,
- zieht sich zurück und gibt sofort nach, wenn es angegriffen wird,
- hat Angst vor neuen Situationen und zeigt mangelnde Flexibilität.

Pferde und Rinder sondern sich von der Herde ab, lassen den Kopf hängen, Hunde laufen mit gesenktem Kopf und hängender Rute umher, Katzen nehmen überdurchschnittlich häufig eine geduckte Haltung ein.
Larch wird zur Stärkung des Selbstvertrauens häufig mit Centaury angewandt.

Thema: Selbstvertrauen – Kreativität

Fördert und unterstützt...
... das Vertrauen in die eigenen Fähigkeiten; Ausdrucksfähigkeit; den Sprung ins Neue; Wagemut; Freude an sich und den eigenen Talenten; Selbstbewusstsein; Kreativität; Spontaneität; den Mut zum Erfolg.

Lernziele:
Sich mehr zutrauen; den Zugang zum eigenen Potential finden; das Genie in sich entdecken; sich Herausforderungen vertrauensvoll stellen.

Kann eingesetzt werden bei...
... Minderwertigkeitsgefühlen; Mutlosigkeit; Angst zu versagen; Selbstzweifel; dem Gefühl von Unzulänglichkeit; Frustration; Unsicherheit; Prüfungsängsten; Erwartung von Misserfolgen.

Ähnliche Blüten:
Buttercup, Centaury, Cerato, Gentian, Mallow, Sunflower

20 – MIMULUS (GEFLECKTE GAUKLERBLUME)
die Tapferkeits-Blüte

Für bestimmbare Ängstlichkeit und konkrete Ängste (Stock, Mann mit Hut, Staubsauger, etc.). Für ängstliche und generell überempfindliche Hunde. Die Tiere haben Angst vor geschlossenen Räumen oder vor konkreten Dingen, zum Beispiel laute, zischende Geräusche, bestimmten Farben, lauten Stimmen, Kindergeschrei, Gewitter, anderen Hunden.

Das Tier...

- ist mutlos, verkriecht sich, sucht Schutz,
- reagiert übermäßig auf Alltägliches wie Kinder, Menschen, Geräusche, Artgenossen oder bestimmte Situationen (zum Beispiel Aufzug),
- verhält sich scheu, furchtsam, überempfindlich und schreckhaft,
- ist zurückhaltend, nervös und ängstlich (geräusch-, lärm- und lichtempfindlich),
- ist während der Genesung übervorsichtig,
- hat Angst vor ganz bestimmten Dingen und konkret zu benennenden Situationen (im Gegensatz zur Aspen-Symptomatik).

Mimulus ist bewährt bei Pferden vor dem Transport oder Hufbeschlag.

Thema: Mut – Zuversicht – Vertrauen – Tapferkeit – Wohlbehagen

Fördert und unterstützt...

... Selbstsicherheit; den Mut, sich den Herausforderungen des Lebens zu stellen; innere Stärke; Tapferkeit; gesunde Risikobereitschaft.

Lernziele:

Angst, Nervosität und Schüchternheit überwinden; die Bereitschaft, das Notwendige zu tun; dem Gelingen des Vorhabens vertrauen; sich mit der Angst auseinandersetzen können.

Kann eingesetzt werden bei...

... Existenzängsten; Angst vor Autoritäten; benennbaren und fassbaren Ängsten; Unsicherheit; Nervosität; Zurückhaltung; Angst vor Krankheit, Tod, Unglück, Unfällen, Verlust der Bezugsperson, Schmerzen etc.; Angst zu versagen, etwas nicht zu schaffen, Angst vor Aggressionen und starken Gefühlen; Nervosität; Lernschwierigkeiten, die auf Angst gründen; als ergänzende Nachbehandlungen von Verletzungen und Operationen, besonders wenn Angst vor Schmerzen erkennbar ist.

Ähnliche Blüten:

Angelica, Arnica, Aspen, Chamomile, Echinacea, Elm, Garlic, Oregon Grape, Penstemon, Red Clover, Rock Rose, Saint John's Wort

21 – MUSTARD (ACKERSENF)
die Licht-Blüte, die Weltschmerz-Blüte

Für launische und unausgeglichene Hunde mit grundloser Traurigkeit (ggf. in Kombination mit Ignatia geben). Sie neigen ohne erkennbaren Grund oder Krankheit zu plötzlicher Depression, schlechtem Appetit und allgemeiner Interesselosigkeit. Sie wirken niedergeschlagen und launisch.

Das Tier...
- zeigt lustloses Verhalten,
- ist ständig müde, abgeschlagen und apathisch; nimmt seine Umgebung kaum wahr,
- ist desinteressiert, lässt sich nicht motivieren,
- zeigt keine freudige Reaktion auf etwas, was vorher Anlass zur Freude war, zum Beispiel Menschen, Aktivität, Spielzeug, Bewegung,
- zeigt eine periodisch auftretende Antriebsschwäche und Niedergeschlagenheit,
- ist appetitlos; viele Hundebesitzer fürchten, dass ihr Hund vergiftet wurde,
- ist autoaggressiv.

Nach Ursachen forschen!
Mustard wird oft in Verbindung mit Star of Bethlehem verabreicht.

Thema: Aushalten – Trost – Wandlung – Erleichterung

Fördert und unterstützt...
... neue Lebenskraft; Mut; Durchhaltevermögen in Zeiten der Depression.

Lernziele:
Die ungeahnten Möglichkeiten des Lebens erkennen und wahrnehmen; ein wenig mehr Humor und Leichtigkeit in die dunkle Phase des Lebens bringen; sich dem Leben vertrauensvoll überlassen.

Kann eingesetzt werden bei...
... Depressionen, deren Ursprung man nicht kennt; Desinteresse; Niedergeschlagenheit; Gleichgültigkeit; Mut- und Hoffnungslosigkeit; Antriebsschwäche; Appetitlosigkeit; Rückzug von anderen; Trauer; Lustlosigkeit; Unfähigkeit, den täglichen Verpflichtungen nachzukommen; Unlustgefühle während der Pubertät; Altersdepressionen.

Ähnliche Blüten:
Borage, Gorse, Oak, Sweet Chestnut, Tansy, Yerba Santa

22 – OAK (EICHE)
die Ausdauer-Blüte, die Durchhalte-Blüte

Für Tiere, die zu Selbstüberforderung neigen, äußerst pflichtbewusst sind und/ oder nicht aufhören können. Für unermüdliche Hunde, die sich dann meist verausgaben. Sie sind tapfer und mutig und geben nie auf, auch wenn es ihnen schlecht geht. Für neuen Schwung.

Das Tier...

- ist pflichtbewusst und willensstark,
- hat (zu) viel Ausdauer und Kraft – mutet sich oft zu viel zu,
- gönnt sich keine Ruhepausen, neigt zur Überarbeitung,
- ist schon in jungen Jahren gebrechlich (Gelenk- oder Bandscheibenverschleiß),
- ist innerlich angespannt, aber extrem geduldig,
- läuft Gefahr, sich bis zur totalen Erschöpfung zu überfordern,
- zeigt selbst in ausweglosen Situationen noch Aktivität.

Oak ist häufig eine gute Blütenessenz für Blindenführhunde, Arbeitspferde und Sporttiere.

Thema: Nachgeben – Loslassen – Sich-helfen-Lassen – Offenheit

Fördert und unterstützt...

... den Ausgleich zwischen Geben und Nehmen; das Integrieren der weiblichen passiven Seite; das Zulassen von Müdigkeit und Schwäche.

Lernziele:

Maß halten; spielerischer und gelöster werden; sich weniger verausgaben; sich Ruhe und Erholungsphasen gewähren; nachsichtiger und liebevoller mit sich selbst werden; auch einmal aufgeben können.

Kann eingesetzt werden bei...

... Niedergeschlagenheit; Verbissenheit; dem Gefühl, ohne Verantwortung und Leistung nicht wichtig genommen zu werden; Überarbeitung; hohem Pflicht- und Verantwortungsbewusstsein; Ausbeutung seiner Kräfte; Unerbittlichkeit mit sich selbst.

Ähnliche Blüten:

Centaury, Larkspur, Rock Water, Wild Rose

23 – OLIVE (ÖLBAUM)
die Regenerations-Blüte

Für kraftlose und oft müde Hunde. Bei totaler Erschöpfung und Energielosigkeit, zum Beispiel nach einer lang andauernden oder zehrenden Krankheit oder ungünstigen, schwer erträglichen Situationen für das Tier. Vorbeugend bei erhöhter Belastung und zur Stärkung der Muskulatur und der Knochen nach Brüchen, Verstauchungen und Prellungen.

Das Tier...

- leidet unter völliger körperlicher und geistiger Erschöpfung,
- ist nicht motivierbar, lässt alles über sich ergehen, ist desinteressiert,
- schläft viel,
- zeigt Bewegungsunlust und Appetitlosigkeit.

Olive hilft nach längerer Krankheit oder Traumasituation sowie nach schweren Geburten für Mutterhündin und Welpen.

Thema: Körperbewusstsein – Kraft – Regeneration

Fördert und unterstützt...

... die Erholung nach großen körperlichen und seelischen Belastungen; das Wahrnehmen der eigenen Grenzen und Belastbarkeit; das Fließen der Lebenskraft; Vitalität; Entspannung; den inneren Frieden.

Lernziele:

Ein stimmiges Maß an Einsatz für sich und andere finden; trotz Belastungen auf eigene Bedürfnisse nicht verzichten; sich mehr Pausen gewähren; mit den eigenen Kräften ökonomischer umgehen; die innere Quelle der Kraft finden.

Kann eingesetzt werden bei...

... Kraftlosigkeit; Überforderung; totaler seelischer, körperlicher und geistiger Erschöpfung; Beeinträchtigung des Schlafes durch Erschöpfung; Überbelastung durch rasch aufeinander folgende Schicksalsschläge; anhaltender Schwächung der eigenen Gesundheit; Schlafstörung; schweren Geburten.

Ähnliche Blüten:

Aloe Vera, Arnica, Cayenne, Dandelion, Penstemon, Rosemary, Self Heal, Sunflower, Tansy

24 – PINE (KIEFER, FÖHRE)

die Blüte der Selbstakzeptanz, die Verzeihungs-Blüte

Pine eignet sich, wenn das Tier das Gefühl hat, permanent angegriffen zu werden, Schuldgefühle hat und gerne als „Opfer" von anderen auserkoren wird. Für unsichere und unterwürfige Hunde, die unter Schuldgefühlen leiden, wenn zu Hause dicke Luft ist. Selbst wenn sie mit dieser Situation nichts zu tun haben, verziehen sie sich ganz verschämt in eine Ecke oder versuchen, mit allen Mitteln zu beschwichtigen.

Das Tier...

- scheint ständig ohne Grund ein „schlechtes Gewissen" zu haben,
- wirkt feige und ist seinen Artgenossen unterlegen,
- hat eine ängstliche, unterwürfige Körperhaltung,
- reagiert empfindlich auf Tadel; ein strafender Blick reicht, damit es sich zurückzieht,
- wirkt kraftlos, unsicher, mutlos und bedrückt,
- ist schreckhaft,
- ist übervorsichtig und unterwürfig (der „Underdog"),
- schöpft seine Möglichkeiten nicht aus.

Thema: Loslassen von Schuldgefühlen – Selbstachtung

Fördert und unterstützt...

... das Gefühl, willkommen zu sein und ein Recht auf Leben zu haben; die Unabhängigkeit von den Stimmungen anderer; die Liebe zu sich selbst.

Lernziele:

Mehr Selbstwertgefühl entwickeln; sich weniger vorwerfen; sich selbst respektieren; sich annehmen und schätzen lernen.

Kann eingesetzt werden bei...

... potentiellen „Mobbingopfern"; übermäßig hohen Ansprüchen an sich selbst; Selbstzerfleischung; Mangel an Selbstwertgefühl; häufigem schlechtem Gewissen; dem Gefühl, verantwortlich zu sein für alles Negative.

Ähnliche Blüten:

Angelica, Black Eyed Susan, Buttercup, Centaury, Cerato, Gorse, Larch, Pink Monkeyflower

25 – RED CHESTNUT (ROTE ROSSKASTANIE)

die Abnabelungs-Blüte, die Symbiose-Blüte

Für übertrieben fürsorgliche und bemutternde Hunde mit übersteigertem Beschützerinstinkt (aber nicht aus Unsicherheit). Die Tiere sind ständig in Sorge um die Familie. Sie zeigen dies durch große Nervosität, beispielsweise, wenn jemand nicht zur gewohnten Zeit nach Hause kommt. Sie sind immer im Dienst und können nicht loslassen (nicht zu verwechseln mit Eifersucht (Holly)).

Das Tier...

- neigt zu übertriebener Fürsorge,
- hat eine zu starke Bindung an seine Bezugsperson, lässt niemanden heran, verteidigt sie,
- leidet sehr stark, wenn Herrchen oder Frauchen nicht da sind, und reagiert dann mit Aufregung, Unruhe, ziellosem, suchendem Umherlaufen sowie mit Jaulen und Futterverweigerung.

Red Chestnut hilft bei Scheinschwangerschaften. Auch für Tiere, die nach einer Kastration immer noch phasenweise Gemütszustände von ursprünglich hormonell bedingtem Verhalten zeigen.

Thema: Gelassenheit und Vertrauen – Selbstkontrolle

Fördert und unterstützt...

... das Loslassen der Ängste um andere; positive Gedankenkräfte; das Vertrauen in andere.

Lernziele:

Nahe stehende Personen oder Tiere loslassen und vertrauen, dass diese sich selbst schützen können; einen gesunden Abstand zu anderen gewinnen; positives Denken; Gelassenheit.

Kann eingesetzt werden bei...

... übertriebener Angst, Fürsorge und Sorgen um andere; Kontrolle über Angehörige; Einmischung; Projektion; negativer Erwartungshaltung (dass etwas Schlimmes passieren könnte); Bevormundung; Besuch der neuen Halter eines Welpen; „Abnabelung“ des Wurfes vom Muttertier; Tiermüttern, die gerade geworfen haben und sich übermäßig um den Wurf kümmern; Aufopferung für andere, „Overprotection“.

Ähnliche Blüten:

Gänseblümchen

26 – ROCK ROSE (GELBES SONNENRÖSCHEN)

die Eskalations-Blüte, die Panik-Blüte

Für schwere Ängste! Für Hunde, die häufig Angstzustände und panikartiges Verhalten zeigen oder Todesangst hatten. Bei tiefsitzenden Panikgefühlen nach Unfällen und schrecklichen Erlebnissen; auch bei Sonnenstich, Hitzschlag, Kreislaufversagen, damit keine „Todesangst" aufkommt.

Das Tier...

- hat plötzliche, schwere Angst- oder Panikattacken und Neurosen,
- wird von übergroßen Angstgefühlen überwältigt (Angstbeißen möglich),
- zeigt unkontrollierte Reaktionen und starke Unruhe,
- ist vor Angst wie von Sinnen, gelähmt oder in Panik,
- hat einen schwachen Puls, zeigt Reaktionen auf Insektenstiche, hat Schaum vor dem Maul, hat plötzliche Magen-Darm-Probleme während oder nach Angstattacken.

Rock Rose kann auch in Form von Rescue Remedy gegeben werden und empfiehlt sich bei akuten, schweren Angstschüben wie Gewitterpanik, vermeintlicher oder tatsächlicher Lebensbedrohung, etc.

Thema: Beruhigung während einer Krise – Mut

Fördert und unterstützt...

... Gelassenheit während akuter Angstzustände; Tapferkeit; das Vertrauen in den göttlichen Schutz; den inneren Schutzwall bei zu großer Sensibilität und Offenheit; die Beruhigung im Bereich des Solarplexus.

Lernziele:

Nicht alles so nah an sich heranlassen; bei Katastrophen und Notfällen Ruhe bewahren, bei sich bleiben und dadurch adäquat auf schwierige Situationen reagieren.

Kann eingesetzt werden bei...

... benennbaren oder irrationalen Ängsten; Neigung zu Panik, wo andere nur mit Angst reagieren würden; „Ausrastern"; Orientierungslosigkeit; Überreagieren; Dramatisieren; Symptomen der Angst wie Zittern, Schweißausbrüchen, Hyperventilieren, Ohnmachtsneigung; starken Depressionen; Albträumen; Schreien oder Aufschrecken während des Schlafes.

Ähnliche Blüten:

Angelica, Arnica, Cherry Plum, Red Clover, Rescue Remedy

27 – ROCK WATER (QUELLWASSER VOM MOUNT SHASTA)

die Flexibilitäts-Essenz

Für Hunde mit eingefahrenen Gewohnheiten, die alles recht machen wollen. Sie lassen sich nur sehr ungern anfassen, neigen zu enormer Verbissenheit und innerer Panik. Außerdem sind sie anfällig für Muskel- oder Eingeweideverkrampfungen.

Das Tier...

- war unter Umständen schon länger oder schwer krank,
- ist auffallend müde und schlapp; fühlt sich eingeengt und unterdrückt,
- hat ein unbewegliches und starres Verhaltensrepertoire,
- ist nicht anpassungsfähig,
- frisst selbst bei großem Hunger nicht, wenn das Futter umgestellt wurde,
- wirkt diszipliniert, unterdrückt seine natürlichen Bedürfnisse, erscheint verbissen und hat eine übertriebene Selbstkontrolle,
- hat eine steife Körperhaltung, ist angespannt, ungelenk und berührungsempfindlich,
- zeigt Stresserscheinungen durch innere Starrheit,
- hat oft ein glanzloses und struppiges Fell.

Rock Water empfiehlt sich bei Gelenksteife und arthritischen Erkrankungen.

Thema: Spontaneität – Flexibilität – Sanftmut – innere Ruhe

Fördert und unterstützt...

... Beweglichkeit; Sanftheit; die weibliche Seite im Rüden; das Nachgeben; die Toleranz; das Fließen der Energien; das innere Loslassen und die innere Freiheit.

Lernziele:

Zu sich und anderen nachgiebiger, nachsichtiger und sanfter werden; sich vertrauensvoll dem Fluss des Lebens überlassen.

Kann eingesetzt werden bei...

... Strenge sich und anderen gegenüber; Härte; Rigidität; Unnachgiebigkeit; Zwängen; Starre; übergroßem Ehrgeiz; zu strengen Erziehungsmaßnahmen gegenüber Jüngeren; Sturheit; körperlicher Steifheit; Selbstverleugnung; Pedanterie.

Ähnliche Blüten:

Centaury, Dandelion, Dogwood, Staudenfeuerkraut, Sweet Chestnut

28 – SCLERANTHUS (EINJÄHRIGER KNÄUEL)
die Balance-Blüte, die Gleichgewichts-Blüte

Bei Wechselhaftigkeit, wie zum Beispiel: Durchfall <-> Verstopfung, „himmelhoch jauchzend“ <-> „zu Tode betrübt“, Hunger <-> Appetitlosigkeit. Für Hunde mit extremen Stimmungsschwankungen. Bei Nachwirkungen von Schocks aller Art, auch bei weit zurückliegenden Ereignissen. Bei fehlender innerer Balance und immer wieder aufbrechenden Wunden.

Das Tier...

- zeigt wechselhafte Stimmungen, ist unzuverlässig,
- ist unausgeglichen, unschlüssig und/ oder hektisch,
- lässt sich in einem Moment gerne streicheln und verhält sich im nächsten abwehrend,
- hat wenig Ausdauer und kann sich nur schwer konzentrieren,
- hat wechselnden Appetit, eine ungleichmäßige Temperatur, erst Verstopfung, dann Durchfall, Hautprobleme, zeigt Gleichgewichtsstörungen,
- ist wetterfühlig, leidet unter Reiseübelkeit, hat linksseitige körperliche Beschwerden, zeigt zuchtbedingte Unausgeglichenheit.

Thema: Entschlossenheit – Ausgleich – Unterscheidungsvermögen – Balance – Ruhe und innerer Frieden

Fördert und unterstützt...

... das Finden der eigenen Mitte; das innere Gleichgewicht; Balance; Klarheit; Entschlossenheit; den Ausgleich zwischen Extremen wie: Heißhunger – Appetitlosigkeit, Strenge – übergroße Nachgiebigkeit, Weichheit – Härte, Apathie – übertriebene Lebendigkeit; Ausgeglichenheit.

Lernziele:

Vertrauen in die eigene Entscheidung gewinnen; mit den Energiereserven besser umgehen; ausgeglichener werden; spontaner reagieren können.

Kann eingesetzt werden bei...

... Frustration; zögerndem Verhalten; Übertreibung; plötzlichem Stimmungswechsel; Unausgeglichenheit; Unentschlossenheit; Launenhaftigkeit; Unberechenbarkeit; Unsicherheit; Labilität; Ruhelosigkeit; Unzuverlässigkeit; Sprunghaftigkeit; raschem Meinungswechsel; Wankelmut.

Ähnliche Blüten:

Birne, Ginkgobaum, Impatiens, Lotus, Quaking Grass

29 – STAR OF BETHLEHEM (DOLDIGER MILCHSTERN)
die Trost-Blüte, die Schock-Blüte

Die Blüte ist der „Seelentröster" und hilft beim Verarbeiten von traumatischen Erlebnissen. Bei jeder Art von körperlichen und seelischen Qualen und Verletzungen, aber auch für das Neugeborene, den Sterbenden und die Hinterbliebenen. Star of Bethlehem ist die Blüte für ehemalige Heimtiere.

Das Tier...

- wirkt bedrückt, niedergeschlagen, lustlos, desinteressiert, ängstlich, depressiv,
- kann Erlebtes nicht verarbeiten, zum Beispiel Besitzerwechsel, Umzug, Unfall,
- neigt zur plötzlich auftretenden Unsauberkeit,
- zeigt einen Zustandswechsel, dessen Ursachen nur schwer erkennbar oder nachvollziehbar sind,
- leidet unter Gehör- und Sehstörungen und/oder plötzlichem Haarausfall.

Thema: Regeneration nach traumatischen Erlebnissen – Stabilität

Fördert und unterstützt...

... größere Ruhe und Gelassenheit während großer Herausforderungen; die Überwindung von traumatischen Ereignissen, allgemeinen Gefahrensituationen, Schicksalsschlägen etc.; Kraft; Klarheit; Geistesgegenwart; Lösung von Schock; Reharmonisierung von Körper, Geist und Seele nach einem Trauma.

Lernziele:

Überwindung der Aufregung oder inneren Lähmung nach emotionalem Trauma; Verarbeitung des Schocks; baldige Normalisierung der Körperfunktionen im Stress; schneller und adäquater reagieren.

Kann eingesetzt werden bei...

... Schock; Krisen; übergroßem seelischem Schmerz sowie Kummer und Sorgen; Blockierung der Lebensenergie; nicht verarbeiteten Erlebnissen der Vergangenheit und der Gegenwart; großem Schreck; Entsetzen; unverarbeiteten Ereignissen, auch wenn sie weit zurückreichen (sogar bis hin in die ersten Lebenstage und in die pränatale Zeit); Albträumen; chronischen Krankheiten und Schmerzen, deren Behandlung bisher erfolglos war und die von unverarbeiteten Schockerlebnissen herrühren.

Ähnliche Blüten:

Arnica, Emergency Essence, Immergrün, Rescue Remedy, Self Heal, Staudenfeuerkraut

30 – SWEET CHESTNUT (ESSKASTANIE, EDELKASTANIE)

die Erlösungs-Blüte

Bei Desinteresse und innerer Ausweglosigkeit. Für erschöpfte, an der Grenze der Belastbarkeit stehende Hunde, verzweifelte, meist in Zwingern oder Gehegen gehaltene Hunde oder Hunde aus Tierheimen, die schon lange vergeblich auf ein neues Herrchen warten.

Das Tier...

- wirkt völlig erschöpft, desinteressiert und verloren,
- hat wahrscheinlich traumatische Erfahrungen gemacht,
- ist appetitlos,
- zieht sich in dunkle Ecken zurück und isoliert sich,
- zeigt innere Unruhe,
- wirkt hilflos,
- zeigt mangelnde Flexibilität.

Thema: Transformation – Fähigkeit zur Veränderung

Fördert und unterstützt...

... das Durchhaltevermögen; das Vertrauen in das eigene innere Licht; neuen Lebensmut.

Lernziele:

Schwere Zeiten aushalten; sich der großen Herausforderung stellen und aus der Krise lernen; Hilfe zulassen.

Kann eingesetzt werden bei...

... extremer Trauer, Verzweiflung und Seelenqual; dem Gefühl, mit dem Rücken zur Wand zu stehen; dem Gefühl, an der Grenze der Belastbarkeit angelangt zu sein; Ausweglosigkeit; Hilflosigkeit; größtem seelischem Leid, Kummer, Schmerz; Depression; großer Hoffnungslosigkeit; dem Zusammenbrechen der letzten Kraftreserven; großer innerer Leere und Dunkelheit („die Nacht der Seele“).

Ähnliche Blüten:

Chaparral, Echinacea, Penstemon, Pink Yarrow, Wild Rose, Yerba Santa

31 – VERVAIN (EISENKRAUT)
die Begeisterungs-Blüte

Vervain wird oft in Kombination mit Impatiens eingesetzt – gegen Hyperaktivität, Überbegeisterung (Achtung: auch an Schilddrüsenuntersuchung denken). Für übertrieben eifrige und dickköpfige Hunde. Sie sind lebhaft, anspruchsvoll und haben einen eisernen Willen, den sie jedem gerne aufzwingen wollen, und neigen zu Marotten.

Das Tier...

- ist überaktiv, extrem begeisterungsfähig und muss immer etwas tun,
- erkennt seine körperlichen Grenzen nicht und überfordert sich leicht,
- schläft zu wenig,
- ermüdet zwar schnell, ignoriert dieses Warnsignal des Körpers aber meistens,
- will dauernd spielen, bekommt nicht genug, es wird ihm nichts zu viel,
- leidet unter Spannungszuständen,
- hat eine variable Lautgebung (bellen, fiepen, winseln, wuffen…),
- strahlt hohe Energie und Intensität aus, ist hyperaktiv und impulsiv,
- ist willensstarker Anführer einer Gruppe/ Herde und versucht, andere mitzureißen – gelingt das nicht, neigt es zu aggressivem Verhalten.

Thema: Zurückhaltung – Entspannung – Offenheit und Toleranz

Fördert und unterstützt...

... Ruhe; das Erkennen der eigenen Möglichkeiten und Grenzen; das Loslassenkönnen.

Lernziele:

Gelassenheit und Ruhe genießen können; sich weniger verausgaben; anderen etwas anbieten statt aufzwingen; erkennen, dass hohe Ideale und Ziele nur mit Ruhe, Gelassenheit und Vertrauen zu erreichen sind.

Kann eingesetzt werden bei...

... Übertreibung; Druck; hoher innerer und äußerer Anspannung; Hektik; Tendenz, sich und andere zu stressen; „Zwangsbeglückung"; Unrast; lautstarker Euphorie; Überaktivität; Überschwänglichkeit; Besserwisserei und fixen Vorstellungen, was andere zu tun haben; Verbissenheit.

Ähnliche Blüten:

Black Eyed Susan, Chamomile, Fuchsia, Impatiens, Lavender, Red Clover, Shooting Star, White Chestnut

32 – VINE (WEINREBE)
die Autoritäts-Blüte

Für den kleinen Haustyrannen mit Kontrollsucht und Ehrgeiz, der immer im Mittelpunkt stehen will. Für Tiere, die sehr herrschsüchtig sind und sich nicht unterordnen wollen. Sie halten ohne Probleme die ganze Familie auf Trab, was das Tier damit ja auch bezwecken will. Es ist sehr rücksichtslos und neigt zu verhärteten Muskeln.
Anmerkung: Dieses Blütenbild treffen wir bei Hunden viel seltener an, als gemeinhin angenommen wird!

Das Tier...

- ist besitzergreifend, ehrgeizig und dominant,
- tyrannisiert seine Umgebung, ist äußerst willensstark und herrschsüchtig,
- benimmt sich beherrschend und bestimmend (Diktator, Tyrann, das „Alpha-Tier"),
- drückt durch seine Körpersprache Stolz und Überlegenheit aus,
- lässt sich nur schwer unterordnen und verweigert den Gehorsam,
- ist oft fordernd und aufdringlich,
- verhält sich lernunwillig, widerspenstig, aggressiv.

Die Wirkung von Vine wird oft durch eine Kombination mit Heather und Holly verstärkt.

Thema: Rücksichtnahme – Dienen und Raumgeben

Fördert und unterstützt...

... den weisen und sinnvollen Einsatz der eigenen Macht und Kraft; das Zurücknehmen der eigenen Person, um anderen auch eine Chance zu geben; die positive Autorität und Führungskraft.

Lernziele:

Dienen statt beherrschen; auch einmal darauf verzichten können, im Mittelpunkt zu stehen; das Leben und den Raum anderer respektieren; anderen ihren Freiraum lassen können und ihnen das Recht auf Selbstbestimmung zugestehen.

Kann eingesetzt werden bei...

... Dominanzstreben; Rechthaberei; Tyrannei; Unterdrückung; Ausbeutung anderer; „Macho-Mentalität"; Rücksichtslosigkeit; Machthunger; unbeugsamem Verhalten; Größenwahn; Streitlust; Herrschsucht.

Ähnliche Blüten:

Holly, Larkspur, Mountain Devil, Saguaro, Tiger Lily, Trillium

33 – WALNUT (WALNUSS)
die Geburtshelferin, die Neubeginn-Blüte

Für unsichere Hunde mit Schwierigkeiten, sich auf Veränderungen einzulassen. Sie ertragen neue Dinge und ungewohnte Situationen nur schwer. Ein Umzug, eine Kastration, Krankheit oder ungewohntes Futter verunsichern das Tier und lassen es ängstlich und wankelmütig erscheinen. Walnut hilft bei allen Übergängen in neue Lebensphasen und kann darüber hinaus bei Fieberintervallen, bei Problemen mit der Läufigkeit, in der Pubertät und im Zahnwechsel eingesetzt werden.

Das Tier...

- wird mit Erlebtem nicht fertig; ist übervorsichtig,
- reagiert auf Veränderungen empfindsam, möchte am liebsten nichts verändert wissen, ist dadurch irritiert, desorientiert,
- reagiert mit Untugenden und Krankheit, zum Beispiel bei Umzug, Wechsel der Bezugsperson, Familienzuwachs, Reisen, Jahreszeitenwechsel,
- negiert den Alterungsprozess.

Walnut eignet sich zu Beginn der Trächtigkeit, nach Geburt oder Kastration, für Neugeborene, beim Eintritt in die Welt; es unterstützt die Atmung und erleichtert den Übergang beim Sterben.

Thema: Durchbruch – Neubeginn – Geburt – Anpassungsfähigkeit

Fördert und unterstützt...

... das Loslassen des Alten und das Eintauchen in das Neue; die körperliche Geburt; das Zahnen; Kompromisslosigkeit; Geradlinigkeit; Konsequenz; Unbefangenheit.

Lernziele:

Bei sich bleiben; den „Durchbruch schaffen“; notwendige Schritte unternehmen; die Angst vor dem Unbekannten verlieren.

Kann eingesetzt werden bei...

... der Neigung, negative Energien von anderen aufzunehmen; Wankelmut; Neigung zum Zögern; neuen und schwierigen Lebensphasen wie Eintritt in die Pubertät; Ablösungsprozessen von den Alttieren, Rückzug aus dem aktiven Sport oder von einer Aufgabe; Problemen während der Schwangerschaft; Geburt und Sterben.

Ähnliche Blüten:

Angelica, Bleeding Heart, Gänseblümchen, Ginkgobaum, Mariposa Lily, Penstemon, Tachinaste

34 – WATER VIOLET (SUMPFWASSERFEDER)
die Kommunikations-Blüte, die Isolations-Blüte

Die „Katzen-Blüte“ für reservierte, stolze, zurückhaltende Typen und einzelgängerische und unnahbare Hunde. Sie sind zurückhaltend und ruhig, reserviert, stolz und unabhängig, nicht aufdringlich. Sie sind immer auf Distanz und wirken unnahbar und überlegen.

Das Tier...
- ist übertrieben zurückhaltend und wirkt dadurch stolz, überheblich und unnahbar,
- zieht sich in eine selbst gewählte Isolation zurück, ist ein typischer Einzelgänger,
- pflegt keinen intensiven Kontakt zu Menschen oder Artgenossen,
- signalisiert auch durch seine Körperhaltung Stolz und Unnahbarkeit,
- ist ruhig,
- ist begabt, intelligent und geschickt,
- lässt Berührungen und Körperpflege nur widerwillig über sich ergehen.

Water Violet eignet sich auch bei vernachlässigten und unter Einsamkeit leidenden Tieren sowie bei Tieren, die unter Rheuma, Knie-, Nacken- und Rückenproblemen leiden.

Thema: Zulassen von Nähe – Offenheit – Freude zeigen

Fördert und unterstützt...
... Offenheit; Nähe; Vertrauen in andere; die Fähigkeit, Gefühle zu zeigen; die Freude am Beisammensein mit anderen; das Gefühl, mit anderen verbunden zu sein; den Fluss der Energie.

Lernziele:
Sich selbst und die eigenen Gefühle besser spüren; anderen offener begegnen; sich weniger hinter einer selbst errichteten Schutzmauer verbergen; um etwas bitten oder etwas annehmen können; mehr Freude empfinden.

Kann eingesetzt werden bei...
... Distanz; Gleichgültigkeit; Unnahbarkeit; uneingestandener Einsamkeit; übertriebener Abgrenzung; Überlegenheitsgefühl; Stolz; Angst vor Nähe und Intimität; Isolation; Unterdrückung und Ablehnung von Gefühlen; gut getarnter Unsicherheit; Starre; Reserviertheit; starkem Rückzug in sich selbst, Steifheit und Verspannungen.

Ähnliche Blüten:
Flannel Flower, Gänseblümchen, Mallow, Larkspur, Rock Water, Yellow Star Tulip

35 – WHITE CHESTNUT (WEISSE ROSSKASTANIE)
die Gedanken-Blüte

Bei Unkonzentriertheit, Unruhe, Unausgeglichenheit (vorsichtshalber Schilddrüsenfunktion abklären!). Für konzentrationsschwache und unsichere Hunde, die ängstlich und beunruhigt wirken. Dinge, die das Tier beunruhigen, lassen es nicht mehr los. Die Tiere haben innere Blockaden, sind nicht in der Lage, sich zu entspannen, und leiden an immer wiederkehrenden Erkältungen und/ oder denselben Verletzungen.

Das Tier...

- scheint ständig unter Druck zu stehen,
- ist unruhig, unausgeglichen und unkonzentriert; ein Träumer,
- steht unter mentaler Spannung und verkrampft schnell,
- ist innerlich so sehr mit einer Sache beschäftigt, dass es Anweisungen kaum wahrnimmt,
- wirkt zerstreut und vergesslich,
- kränkelt schnell oder hat immer wiederkehrende bzw. nicht ausheilen wollende Krankheiten,
- knirscht im Schlaf unter Umständen mit den Zähnen.

Thema: Sammlung – Konzentration – geistige Ausgeglichenheit

Fördert und unterstützt...

... Stille und geistige Ruhe; den durch zu viel Nachdenken behinderten Schlaf; Konzentration beim Lernen; die Entlastung des Kopfes; das Vertrauen, dass Probleme zu lösen sind; die Präsenz; Sammlung.

Lernziele:

Sich entspannen; immer wiederkehrende Gedanken loslassen können; unerledigte Konflikte mit anderen erkennen und sich ihnen gelassen stellen können.

Kann eingesetzt werden bei...

... Lernschwierigkeiten, die durch Mangel an Konzentration entstanden sind; Müdigkeit; Gedankenschwere; Spannungen, vor allem im Kopfbereich; Erschöpfung; Einschlafschwierigkeiten; Zerstreutheit; zwanghaftem Wiederholen von Gedanken und Befürchtungen; Kopflastigkeit.

Ähnliche Blüten:

Honeysuckle, Immergrün, Indian Pink, Madia, Peppermint, Rabbitbrush, Shasta Daisy

36 – WILD OAT (VERZWEIGTE WALDTRESPE)

die Berufungs-Blüte, die Vielseitigkeits-Blüte

Für Tiere, die nicht ausgelastet sind, sich langweilen oder unzufrieden mit ihrer Situation sind. Für intelligente Hunde ohne Durchhaltevermögen. Sie sind oft unfähig, zum Ausdruck zu bringen, was sie wollen. Sie sind eher Einzelgänger, oftmals Frustfresser und haben häufig einen übersteigerten Sexualtrieb.

Das Tier...

- zeigt Unzufriedenheit, Unentschlossenheit und Ziellosigkeit,
- ist gelangweilt, braucht ständig etwas „Neues", ist extrem neugierig,
- ist intelligent, begabt und lernfähig, verliert jedoch rasch das Interesse und hat kein Durchhaltevermögen,
- sucht im Umgang mit Artgenossen wenig Anschluss, da es daran nicht interessiert ist,
- ist beim Spiel oder beim Training zunächst begeistert und aufnahmefähig, dann rasch unkonzentriert und gleichgültig,
- neigt zur Zerstörung von Gegenständen oder zu Autoaggression,
- leidet unter Appetitlosigkeit oder frisst zu viel,
- hat ein gestörtes Sexualverhalten (meist hyperaktiv),
- neigt zu schlecht heilenden Wunden.

Bei allen Symptomen unbedingt die Ursachen abklären!

Thema: Erkennen – Selbstverwirklichung – Entscheidungsfreude

Fördert und unterstützt...

... das Finden der Lebensaufgabe; Zentrierung; Eindeutigkeit; Klarheit; Fähigkeit, Prioritäten zu setzen; Zielfindung.

Lernziele:

Sich weniger verzetteln; sich auf das Wesentliche besinnen und beschränken; sich ganz auf eine Sache einlassen können; besser mit den eigenen Energien umgehen; Schritt für Schritt vorangehen.

Kann eingesetzt werden bei...

... Unsicherheit; großen Begabungen, die noch brachliegen; Mangel an Konsequenz; Ungewissheit; Unzufriedenheit; Frustration.

Ähnliche Blüten:

Blackberry, Madia, Peppermint, Shasta Daisy, Scleranthus

37 – WILD ROSE (HECKENROSE, HUNDSROSE)
die Blüte der Lebenslust, die Resignations-Blüte

Bei Apathie, Resignation und Teilnahmslosigkeit. Für depressiv erscheinende Hunde ohne Lebenswillen, die resignieren und apathisch sind. Das Tier scheint vor der Krankheit zu kapitulieren, mobilisiert nicht die eigenen Kräfte, um gesund zu werden. Mit Wild Rose ist der Lebenswille überprüfbar: Regt sich das Tier wieder mehr nach der Einnahme, so macht eine weitere Behandlung Sinn.

Das Tier...

- ist apathisch und teilnahmslos, hat kein Interesse am Leben und keinen Lebenswillen,
- ist schwer und/ oder chronisch krank, wirkt zu ruhig,
- ist alt,
- drückt durch seine Körperhaltung Resignation aus,
- ist depressiv und/ oder appetitlos,
- bewegt sich kaum, blickt stumpf und leer,
- wirkt schlaff und energielos und lässt sich schlecht motivieren.

Thema: Lebensfreude – Motivation – Vitalität – Selbstsicherheit

Fördert und unterstützt...

... Lebensmut und Freude; Lust am Leben und an der Arbeit; Wachheit; den Willen; sich einzulassen auf Menschen und Situationen; Lebendigkeit; Enthusiasmus; Kreativität; Spontaneität; Bewegungsfreude; Hingabefähigkeit; Abenteuerlust.

Lernziele:

Wieder Freude und Interesse am Leben finden; sich dem Leben und seinen Herausforderungen stellen; sich nicht allzu leicht mit allem abfinden; wieder kämpfen; „Ja“ zum Leben sagen können.

Kann eingesetzt werden bei...

... Resignation; Phlegma und Mutlosigkeit; Apathie; Depressivität; Lustlosigkeit; Langeweile; Müdigkeit; Antriebslosigkeit; Unbeweglichkeit; Trägheit; Passivität; Therapieresistenz; Lernschwierigkeiten, die auf Grund von Resignation, Mangel an Motivation und Lustlosigkeit auftreten.

Ähnliche Blüten:

Gorse, Hornbeam, Mustard, Olive, Peppermint, Sweet Chestnut, Tansy

38 – WILLOW (GELBE WEIDE)
die Schicksals-Blüte

Für Tiere mit schlechter Laune und negativer Einstellung, die oft vor sich hin grummeln und mürrisch sind. Sie sind sehr nachtragend und schnell beleidigt, glauben sich vernachlässigt und nicht geliebt. Schlechte Erfahrungen vergessen sie nicht und spielen „die beleidigte Leberwurst".

Das Tier...

- hat eine tiefe Enttäuschung erlebt,
- hat dauerhaft schlechte Laune und zeigt sich aufsässig,
- wurde misshandelt,
- ist nachtragend und leicht beleidigt,
- ist unbelehrbar,
- gibt leicht auf,
- scheint sich immer als Opfer einer Situation zu fühlen,
- zeigt Anzeichen von Missmut: Hunde knurren ständig vor sich hin, Katzen fauchen bei jeder Gelegenheit, Pferde und Rinder scharren missmutig.

Willow wird häufig bei Heimtieren und misshandelten Tieren eingesetzt sowie bei Tieren, deren Vertrauen oft missbraucht wurde. Auf artgerechte Haltung achten!

Thema: Aussöhnung – Selbstverantwortung – Anerkennung

Fördert und unterstützt...

... das Verzeihen; Aussöhnung; das Nachgeben; positives Denken; den inneren Frieden.

Lernziele:

Sich und andere nicht durch Destruktivität vergiften; die Verantwortung für sich übernehmen.

Kann eingesetzt werden bei...

... Widerstand; Verbitterung durch Schicksalsschläge; Zorn; Trotz; Neid; Groll; Unversöhnlichkeit; Hassgefühlen; Ressentiments; Feindseligkeit; Unbelehrbarkeit; der Neigung, anderen die Schuld zuzuweisen; Negativität; Widerstand im therapeutischen Prozess; Altersmissmut.

Ähnliche Blüten:

Chaparral, Echinacea, Goldenrod, Gorse, Larkspur, Penstemon, Sticky Monkeyflower, Wild Oat

Die Kalifornischen Blüten – ihre Leitsymptome und Einsatzbereiche

1 – ANGELICA (ENGELWURZ)
die Krisenschutz-Blüte

Angelica ist hilfreich in neuen, bedrohlich wirkenden Situationen, in denen sich das Tier schutzlos ausgeliefert fühlt. Für Geborgenheit und bei „Schwellenerfahrungen" wie Geburt und Tod.

Das Tier...

- ist misstrauisch, hat keinen Boden unter den Füßen,
- hat ein fehlendes Urvertrauen, schläft schlecht,
- ist eher ein Einzelgänger,
- wirkt oft dünnhäutig (wie ein „rohes Ei"),
- drückt durch seine Körpersprache fehlende Balance aus,
- scheint oftmals keinen Boden unter den Füßen zu haben,
- schläft schlecht, schreckt häufiger auf.

Thema: Schutz – Führung – Geborgenheit

Fördert und unterstützt...

... die Fähigkeit zur Krisenbewältigung; Einsicht in Zusammenhänge und Ursachen von Problemen, Schutz und Geborgenheit; die Erdung; den Boden unter den Füßen zu behalten – auch in Krisenzeiten, bei großen Festen etc.; Hingabefähigkeit.

Lernziele:

Urvertrauen entdecken; Selbstvertrauen entwickeln; sich ein passendes Krisenmanagement aufbauen; auch im Stress in Balance bleiben.

Kann eingesetzt werden bei...

... dünnhäutigen und ungeschützt wirkenden Tieren, die aus mangelndem Urvertrauen heraus neue Situationen schwer einordnen können; Neigung zum Pessimismus; Tieren, die sich oft grundlos bedroht fühlen; allen Veränderungen wie zum Beispiel Urlaub, Familienzuwachs, Umzug, nahendes Ende, Abschied von Sozialpartnern etc.

Ähnliche Blüten:

Aspen, Garlic, Pine, Oregon Grape, Yarrow

2 – ARNICA (ARNIKA)
die Heilungs-Blüte

Arnica hilft bei Schock oder Trauma, großen Schmerzen und schwer heilenden Wunden. Sie fördert die innere Heilung und stärkt die Lebenskraft. Arnica ist ein Basismittel bei Therapieblockaden.

Das Tier...

- leidet unter gestörten Körperempfindungen, manchmal verursacht durch Unfall oder Schock,
- leidet unter seelischer Verwirrung und Desorientierung nach chaotischen Erlebnissen,
- hat große Schmerzen und/ oder schwer heilende Wunden.

Arnica wird eingesetzt zur Unterstützung anderer therapeutischer Maßnahmen, bei alten seelischen Blockaden sowie bei Therapieblockaden.

Thema: Blockadenlösung – Schock und Trauma – Schmerzen

Fördert und unterstützt...

... die Lebenskraft; die innere Heilung; das Anschlagen anderer Therapieformen; die Regeneration nach Krankheit oder Operation.

Lernziele:

Körperbewusstsein entwickeln oder ausbauen; Traumaverarbeitung; Blockaden lösen.

Kann eingesetzt werden bei...

... jeglicher Form von Schock und zur Traumabewältigung – auch bei „positiven" Schocks, zum Beispiel nach besonders schönen Erlebnissen, die kaum verarbeitet werden können; bei Verletzungen und Hautproblemen (äußerlich); bei Schmerzen jeder Art; Bewusstlosigkeit; Dissoziation; psychosomatischen Krankheiten.

Ähnliche Blüten:

Dogwood, Echinacea, Emergency Essence, Lotus, Penstemon, Rescue Remedy, Self Heal, Staudenfeuerkraut, Star of Bethlehem

3 – BLACKBERRY (BROMBEERE)
die Ruhe-Blüte

Für Tiere, die sehr leicht zu motivieren sind, aber kein Durchhaltevermögen haben und scheinbar niemals Prioritäten setzen können. Bei Müdigkeit, instabilem Immunsystem und Verstopfung. Besonders gut für Tierheimtiere und Tiere, die überwiegend eingesperrt leben (Zwingerhunde, reine Wohnungskatzen, etc.) Blackberry hilft auch Therapietieren, Stress abzumildern, sowie bei Rastlosigkeit und fehlenden Zielen bzw. Zielvorstellungen.

Das Tier...

- fühlt sich leicht irritiert,
- hat verletzte Gefühle, zum Beispiel durch Besitzerwechsel, Tierheimaufenthalt etc.,
- ist oft müde, jedoch problemlos wieder motivierbar,
- zeigt allerdings wenig Durchhaltevermögen.

Blackberry ist geeignet für Arbeitshunde wie Therapiebegleiter und Assistenztiere.

Thema: Ruhe – Freiheit – Vertrauen

Fördert und unterstützt...

... innere Balance und stärkt das Vertrauen in die Umwelt, hilft beim Verarbeiten von Problemen aus der Vergangenheit; entschlossenes Handeln.

Lernziele:

Selbstvertrauen entwickeln; auch im Stress ruhig und ausgeglichen reagieren; sich die Kräfte besser einteilen; Prioritäten setzen.

Kann eingesetzt werden bei...

... ständiger Rast- und Ruhelosigkeit, mangelnder Prioritätensetzung, schneller Ermüdbarkeit und fehlendem Durchhaltevermögen.

Ähnliche Blüten:

Chamomile, Indian Paintbrush, Lavender, Manzanita, Oak, Olive, Peppermint, Vervain

4 – BLEEDING HEART (FLAMMENDES HERZ, TRÄNENDES HERZ)
die Freiheits-Blüte

Bei Unselbstständigkeit und Verlust eines Partners. Bleeding Heart fördert die emotionale Unabhängigkeit sowie die innere Sicherheit und Stabilität.

Das Tier...

- fühlt sich zu sehr mit seinem Menschen verbunden und ist daher besitzergreifend,
- ist unselbstständig aus Unsicherheit heraus,
- winselt beim Alleinbleiben,
- zeigt anbiederndes Verhalten, will geliebt werden,
- braucht viel Lob und Bestätigung,
- braucht immer Gesellschaft,
- hat massive Verlust- und Verlassensängste.

Thema: Eigenständigkeit – Raum und Freiheit geben – innere Stabilität

Fördert und unterstützt...

... emotionale Stabilität und Unabhängigkeit; Abschied nehmen können und sich von alten Verhaltensweisen lösen; auch in Beziehungen Eigenständigkeit und Freiheit gewähren können; loslassen können.

Lernziele:

Unabhängigkeit; Selbstsicherheit; Selbstbewusstsein; Eigenverantwortung entwickeln.

Kann eingesetzt werden bei...

... Gier nach uneingeschränkter Aufmerksamkeit; ständiger Suche nach Bestätigung und „gefallen wollen"; Überidentifizierung; Verlust oder Tod eines Sozialpartners; Auszug von Familienangehörigen; Abhängigkeit.

Ähnliche Blüten:

Fuchsia, Gänseblümchen, Heather, Honeysuckle, Mariposa Lily, Milkweed, Pink Monkeyflower, Shasta Daisy, Sweet Pea

5 – BORAGE
(ECHTER BORRETSCH, GURKENKRAUT)
die Mut-Blüte

Borage hilft bei Kraftlosigkeit, Gefühlen von Einengung, innerem Druck und Mutlosigkeit. Für Zuversicht, Befreiung und neue Energie.

Das Tier...

- hat Schwierigkeiten, wirklich tief durchzuatmen,
- ist schlapp und kraftlos,
- lässt alles mit sich machen und wehrt sich nicht,
- erscheint mutlos und feige,
- hat kaum Selbstvertrauen,
- leidet unter Atemwegsproblemen (Asthma, Bronchitis, Zwingerhusten),
- ist sehr anhänglich und liebebedürftig.

Thema: Energie – Selbstbewusstsein – Mut

Fördert und unterstützt...

... den Mut, sich aus einengender Abhängigkeit zu lösen; emotionale Stabilität; Energie und Zuversicht; Selbstbewusstsein; innere Sicherheit.

Lernziele:

Selbstvertrauen entwickeln; sich die eigenen Kräfte und Energien einteilen; Überforderung deutlich machen.

Kann eingesetzt werden bei...

... Nervosität; Unsicherheit; zur Steigerung des Selbstwertgefühls; zur unterstützenden Behandlung bei Atemwegserkrankungen aller Art.

Ähnliche Blüten:

Sunflower, Gänsedistel, Ginkgobaum, Milkweed, Victoria Regia, Yerba Santa

6 – BUTTERCUP (HAHNENFUSS)
die Selbstbewusstseins-Blüte

Buttercup empfiehlt sich bei Unsicherheit, „Duckmäusertum“ und Mangel an Selbstwertgefühl. Es dient zur Steigerung der Selbstsicherheit und fördert eine aufrechte Körperhaltung.

Das Tier...

- macht sich ständig klein,
- ist der „Prügelknabe“ für andere,
- lässt ständig den Kopf hängen,
- ist ein Frustfresser,
- lässt sich von anderen alles wegnehmen, ohne zu protestieren,
- ist unsicher,
- ist nervös,
- leidet oftmals unter Problemen im Schulter-Nacken-Bereich.

Thema: Eigenständigkeit – Selbstbewusstsein – innere Stärke

Fördert und unterstützt...

... innere Sicherheit und Ruhe; Selbstwertgefühl; Eigenständigkeit; wahre Größe; aufrechte Körperhaltung.

Lernziele:

Selbstvertrauen entwickeln; den eigenen Wert erkennen; sich lösen von alten Bewegungs- und Handlungsmustern.

Kann eingesetzt werden bei...

... mangelndem Selbstbewusstsein, Minderwertigkeitsgefühlen, geduckter Körperhaltung; Frustfressern; Verspannungen im Schulter-Nackenbereich; potentiellen Mobbingopfern; übermäßiger Abhängigkeit von anderen; jung kastrierten Rüden, die kaum Selbstbewusstsein entwickeln konnten.

Ähnliche Blüten:

Aspen, Centaury, Garlic, Gentian, Larch, Pine, Pink Monkeyflower

7 – CALIFORNIA POPPY (GOLDMOHN)
die Individualitäts-Blüte

California Poppy ist hilfreich, wenn ein Tier abhängig von ständiger Unterhaltung ist und sich nicht selbst beschäftigen kann. Die Blüte steht für Zufriedenheit und Ruhe, für ausgeglichene innere Entwicklung und Hilfe bei ständigen Übersprungsreaktionen.

Das Tier...
- wirkt phantasielos, wenig kreativ,
- probiert nichts selbstständig aus,
- wartet, bis es zu etwas aufgefordert wird, ergreift im Spiel nie die Initiative,
- wirkt oft innerlich rastlos, auf der Suche,
- langweilt sich schnell,
- ist leicht abgelenkt,
- wirkt unkonzentriert.

Thema: Balance – Ruhe und Zufriedenheit – Unabhängigkeit

Fördert und unterstützt...
... die Unabhängigkeit von Außenreizen und Ablenkung; geistige und seelische Balance.

Lernziele:
Mehr Zufriedenheit und Ruhe in sich selbst finden; die zur Verfügung stehende Konzentration auf Wesentliches fokussieren; Eigeninitiative entwickeln.

Kann eingesetzt werden bei...
... Abhängigkeit von ständiger Unterhaltung und Action von außen; Unvermögen, mit sich selbst etwas anzufangen; Training zum Alleinbleiben, Unkonzentriertheit.

Ähnliche Blüten:
Buttercup, Chestnut Bud, Indian Paintbrush, Larch, Madia, Rabbitbrush, Shasta Daisy

8 – CAYENNE
(EINJÄHRIGER PAPRIKA, SCHOTENPFEFFER)
die Überwindungs-Blüte, die Katalysator-Blüte

Bei Stagnation und wenn ein Tier Opfer der eigenen Gewohnheiten, phlegmatisch und antriebslos ist. Zur Überwindung von Trägheit und zur Mobilisierung des eigenen Willens.

Das Tier...
- stagniert in seiner Entwicklung,
- löst sich nur schwer von alten Verhaltensmustern,
- erscheint träge und faul,
- ist antriebslos und unsicher,
- ist extrem genügsam,
- hat „lieber den Spatz in der Hand als die Taube auf dem Dach".

Thema: Aufbruch und Wandlung – Vorwärtsentwicklung

Fördert und unterstützt...
... jede Form der Veränderung (oft erst Anstoß zur Veränderung); Entscheidungsfreude; die Wirksamkeit anderer Essenzen; Energie und „Feuer".

Lernziele:
Flexibilität und Mobilität erhöhen; Kreativität entwickeln.

Kann eingesetzt werden bei...
... Stagnation in allen Bereichen; Steifheit; Starrsinn; Faulheit; Antriebslosigkeit; Trägheit; Bequemlichkeit.

Ähnliche Blüten:
Birne, Honeysuckle, Hornbeam, Ginkgobaum, Peppermint, Shasta Daisy, Tachinaste, Tansy, White Chestnut

9 – CHAMOMILE (STINKENDE HUNDSKAMILLE)
die Gelassenheits-Blüte

Für Tiere, denen Stress schnell „auf den Magen schlägt“ und die launisch, gereizt, unruhig und ständig in Bewegung sind. Chamomile fördert Gleichmut, Beruhigung und Schlaf.

Das Tier...

- ist leicht aus der Fassung zu bringen,
- reagiert auf Stress oft mit Durchfall,
- ist hyperaktiv,
- neigt zu Hysterie,
- hat Schlafprobleme,
- ist launisch und reizbar bis aggressiv,
- ist bellfreudig,
- hat häufig Magen-Darmprobleme.

Thema: Ruhe – Heiterkeit – Besonnenheit – Entspannung

Fördert und unterstützt...

... Entspannung; einen gesunden Schlaf; Gleichmut und Beruhigung; die Lösung von Spannungen im Magen- und Solarplexusbereich; die vollständige Verarbeitung von Konflikten; emotionales Gleichgewicht; ein sonniges Gemüt.

Lernziele:

Stress nicht nur als bedrohlich empfinden, sondern als Herausforderung annehmen; ruhig und ausgeglichen auf Veränderungen reagieren.

Kann eingesetzt werden bei...

... emotional labilen Tieren, die launenhaft sind und ständig wechselnde Stimmungen aufzeigen; Reizbarkeit; Unruhe; Spannungen im Solarplexusbereich; empfindlichem Magen (Reizdarm).

Ähnliche Blüten:

Fuchsia, Immergrün, Impatiens, Lavender, Red Clover, Saint John’s Wort, Shooting Star, Sticky Monkeyflower, Trumpet Vine, Vervain

10 – CHAPARRAL (JOCHBLATTGEWÄCHS)
die Läuterungs-Blüte

Chaparral hilft bei gewalttätigen, traumatischen Erlebnissen und tiefen seelischen Verwundungen. Sie ist die „Traumessenz" und dient zur Reinigung von angehäuften psychischen Giften. Bei erlebten Traumata wie Tierheimaufenthalt, Besitzerwechsel und Misshandlung.

Das Tier...

- träumt sehr intensiv (Albträume?),
- träumt niemals,
- hat ein „chaotisches Innenleben".

Thema: Reinigung – Traumverarbeitung

Fördert und unterstützt...
... die Auflösung von Traumata; die psychische Reinigung; die Verarbeitung von Erlebtem durch bzw. in Träumen.

Lernziele:
Mit alten Traumata abschließen; das Leben genießen lernen.

Kann eingesetzt werden bei...
... tiefen seelischen Verwundungen; gewalttätigen und traumatischen Erlebnissen; Neigung zu Albträumen; zur Unterstützung beim Loslassen von schrecklichen Erinnerungen.

Ähnliche Blüten:
Dogwood, Echinacea, Pink Yarrow, Star of Bethlehem, Staudenfeuerkraut, Sticky Monkeyflower, Yarrow

11 – CORN (MAIS)
die Verbundenheits-Blüte

Corn ist die „Großstadtessenz". Es hilft bei Verwirrung und Desorientierung in Menschenmassen, verbessert die Handlungsfähigkeit in Stresssituationen und hilft, den Überblick zu behalten und das innere Gleichgewicht zu bewahren.

Das Tier...

- ist „hibbelig" und unruhig,
- wirkt nicht geerdet,
- ist unausgeglichen und oftmals launisch,
- fühlt sich in Menschenmassen und in engen Räumen unwohl (Klaustrophobie),
- kann in stressigen Situationen unberechenbar reagieren.

Thema: Ausgeglichenheit – Erdung – Balance

Fördert und unterstützt...
... die Erdung und den Überblick; innere Stabilität; Ausgeglichenheit; Handlungsfähigkeit auch in Stresssituationen; Gelassenheit; Zentriertheit.

Lernziele:
Auch bei Stress in Balance bleiben; auch unter großer Ablenkung zentriert und geerdet bleiben.

Kann eingesetzt werden bei...
... Gruppen- oder Stadttraining; Aufenthalt innerhalb Menschenmassen oder engen Räumen (Fahrstuhl), „Neu-Großstädtern", fehlender Ausgeglichenheit; fehlender Gelassenheit; allen als besonders stressig empfundenen Situationen; Desorientierung.

Ähnliche Blüten:
Blackberry, Black Eyed Susan, Buttercup

12 – COSMOS (KOSMEA)
die Kommunikations-Blüte

Cosmos unterstützt die Kommunikationsfähigkeit zwischen den Arten und ist sehr hilfreich dort, wo verschiedene Tiergattungen zusammentreffen. Für Tiere im Training und zur harmonischen Kontaktaufnahme zum Beispiel mit Tierheimtieren.

COSMOS erleichtert ...

- die Kontaktaufnahme zwischen verschiedenen Tierarten,
- die Kontaktaufnahme zwischen einander unbekannten Menschen und Hunden,
- den Erstkontakt zu Tierheimbewohnern,
- die Einführung eines Hundesitters.

Thema: Innere Stabilität – Kontaktfähigkeit

Fördert und unterstützt...
... die Kommunikationsfähigkeit im Allgemeinen und die Bereitschaft, sich auf andere Lebewesen einzulassen.

Lernziele:
Sich auf andere Lebewesen und auf Neues einlassen können, ohne sich selbst zu verlieren.

Kann eingesetzt werden bei...
... jeder Form von Erstkontakten, egal, ob zwischen Tieren verschiedener Spezies, Tier und Artgenossen oder Tier und Mensch; um einen Grundstein für eine emotionale/psychische Basis zu legen; Überlastung durch zu viele Ideen zum gleichen Zeitpunkt; übererregtem Gekläffe.

Ähnliche Blüten:
Mallow, Walnut

13 – DANDELION (LÖWENZAHN)
die Harmonie-Blüte

Dandelion hilft bei übertriebenem Ehrgeiz und Verkrampfungen durch unterdrückte Gefühle und sorgt für Entspannung.

Das Tier...

- ist hart zu sich selbst,
- kann bzw. will nie aufgeben,
- hat Schlafstörungen,
- ist ein Perfektionist,
- achtet weder auf körperliche noch auf seelische Grenzen,
- will immer alles machen.

Thema: Entscheidungsfindung – Entkrampfung

Fördert und unterstützt...
... dynamische, mühelose Energie; Entspannung; das Lösen von verdrängten Emotionen; macht den Rahmen „des Möglichen" bewusster; körpertherapeutische Maßnahmen (Physiotherapie, Feldenkrais).

Lernziele:
Die eigenen Grenzen wahrnehmen, erkennen und akzeptieren können.

Kann eingesetzt werden bei...
... jeglicher Form der Überforderung und Verkrampfung; übertriebenem Leistungsbewusstsein; Schulter-Nacken-Syndrom („Halsstarrigkeit"), Muskelverspannungen, ungesundem Ehrgeiz, Schlafstörungen; zu Massagezwecken äußerlich (sehr empfehlenswert).

Ähnliche Blüten:
Larkspur, Penstemon, Oak, Rock Water, Sunflower, Vervain, Wild Oat

14 – DILL (ECHTER DILL)
die Verarbeitungs-Blüte

Die Gabe von Dill empfiehlt sich bei Reizüberflutung und Lärmempfindlichkeit sowie bei Verdauungsproblemen. Dill fördert die Verarbeitung von Erfahrungen.

Das Tier...

- ist hin- und hergerissen und kann sich nicht entscheiden,
- wirkt rastlos,
- ist hyperaktiv auf Grund von Reizüberflutung, Überforderung (zum Beispiel im Training),
- neigt zu Verdauungsproblemen,
- hat Lernschwierigkeiten mangels Konzentration,
- hat Stress durch das Stadtleben oder auf Reisen.

Thema: Innere Einstellung – Überlastung – Verarbeitung

Fördert und unterstützt...

... die Abgrenzung und den rechtzeitigen Rückzug aus nervenaufreibenden Situationen; die Fähigkeit, Prioritäten zu setzen; die Verarbeitung von Erfahrungen; innerlich abschalten können.

Lernziele:

Eigenverantwortung entwickeln; mit Reizüberflutung umgehen lernen; sich von Unwesentlichem abschotten; sich Stress nicht auf den Magen schlagen lassen, sondern Reizfilter einschalten.

Kann eingesetzt werden bei...

... jeder Form von Reizüberflutung, zum Beispiel auf Reisen, bei Großstadtbesuchen, großen Festen etc.; Lernschwierigkeiten; Neigung zu Verdauungsproblemen; dem Gefühl von Überwältigtsein; Schlaflosigkeit.

Ähnliche Blüten:

Chamomile, Immergrün, Indian Pink, Lavender, Mimulus, Olive, Peppermint, Rabbitbrush, Red Clover, Saint John's Wort, Yarrow

15 – DOGWOOD (HARTRIEGEL, HORNSTRAUCH)
die Gnaden-Blüte

Bei länger zurückliegendem Schock, Neigung zu Unfällen und Selbstzerstörung. Für Anmut und Sicherheit in der Bewegung.

Das Tier...

- wirkt hart und unnachgiebig,
- spielt sehr rüpelhaft,
- kennt seine Grenzen nicht und überfordert sich permanent,
- wirkt ständig irgendwie „gehetzt",
- bewegt sich tollpatschig, unsicher und unkoordiniert,
- hat häufig Verletzungen an den Beinen (stolpert oft über die eigenen Füße).

Thema: Wahrnehmung eigener Gefühle – Traumata

Fördert und unterstützt...
... Weichheit und Sanftmut; Gefühl für den eigenen Körper und dessen Belastbarkeit entwickeln; Anmut und Sicherheit in der Bewegung; nach schlechten Erlebnissen wieder Positives und Schönes entdecken.

Lernziele:
Verarbeitung von „Altlasten"; Körperkoordination und Feinmotorik verbessern.

Kann eingesetzt werden bei...
... traumatischen Kindheitserlebnissen; Gefühl von Wertlosigkeit und Sinnlosigkeit; verhärteten Gefühlen; Neigung zu Unfällen und Selbstzerstörung; eckigem, steifem Körperausdruck; Missachtung von körperlichen Warnsignalen und Grenzen.

Ähnliche Blüten:
Chaparral, Lotus, Shooting Star, Sunflower, Trumpet Vine, Vervain

16 – ECHINACEA (ROTER SONNENHUT)
die Innere-Einheits-Blüte

Echinacea baut den Selbstschutz nach schweren Traumata wieder auf und stärkt das Immunsystem. Auch für Tiere mit „Underdog"-Verhalten.

Das Tier...

- kränkelt und ist instabil,
- hatte einen Unfall, eine Operation oder eine tiefe seelische Erschütterung,
- macht den Eindruck, als sei es innerlich zerrissen.

Thema: Innere Einheit – Ausgeglichenheit – Balance

Fördert und unterstützt...
... Einheit im Innersten; Fähigkeit, das eigene Selbst als Ganzheit zu fühlen und dieses Gefühl aufrechtzuerhalten, besonders bei extremen Herausforderungen.

Lernziele:
Urvertrauen zurückerobern; vertrauen können.

Kann eingesetzt werden bei...
... dem Gefühl, innerlich zerrüttet zu sein; nach schwerem Trauma oder Missbrauch; Gefährdung der körperlichen und/ oder emotionalen Gesundheit; Wiederherstellung einer funktionierenden Immunabwehr.

Ähnliche Blüten:
Birne, Garlic, Lotus

17 – FUCHSIA (GEKREUZTE FUCHSIE)
die Erkennens-Blüte

Fuchsia hilft bei Tieren, die zu dramatischen Auftritten neigen, und bei Hypochondern. Für Ausgewogenheit und Ehrlichkeit im Gefühlsausdruck. Alternativblüte, wenn Chicory nicht wirkt.

Das Tier...
- zeigt völlig übersteigerte Reaktionen und Emotionen,
- leidet unter psychosomatischen Krankheiten,
- ist innerlich unruhig,
- zeigt Kummer,
- ist hysterisch,
- wirkt unecht und aufgesetzt.

Thema: Emotionale Vitalität – Loslassen lernen – Verdrängung

Fördert und unterstützt...
... den Zugang zu tiefer liegenden Gefühlen wie Schmerz, Einsamkeit und Angst; innerliche Ruhe.

Lernziele:
Ausgewogenheit und Stabilität; Ehrlichkeit im Gefühlsausdruck.

Kann eingesetzt werden bei...
... geistiger Anspannung und Seelenschmerz; falschen, übersteigerten Emotionen und psychosomatischen Krankheiten, tief sitzenden Schmerzen und bislang verdeckten Traumata.

Ähnliche Blüten:
Cherry Plum, Chicory, Goldenrod, Manzanita, Shooting Star, Trumpet Vine

18 – GARLIC (KNOBLAUCH)
die Hoffnungs-Blüte

Für Tiere mit nervösen Ängsten, Infektanfälligkeiten und Schwäche. Garlic stärkt und stabilisiert die Persönlichkeit und die Immunabwehr und unterstützt die Widerstandskraft und Sicherheit.

Das Tier...

- macht einen kränkelnden Eindruck,
- hat häufiger Parasitenbefall,
- ist unsicher bei allem Unbekannten,
- hat Verspannungen, besonders im Sonnengeflecht,
- leidet unter Lampenfieber,
- hat viele nervöse Ängste.

Thema: Widerstandskraft – Vitalität

Fördert und unterstützt...

... Vitalität und Kraft; gesunde Abgrenzung; die Entwicklung von Sicherheit und Stabilität; seelische und körperliche Immunabwehr.

Lernziele:

Selbstsicherheit und stabiler Gesundheitszustand.

Kann eingesetzt werden bei...

... schlechter Abgrenzung gegenüber parasitären Kräften und krankmachenden Energien; Übernahme von Krankheiten und Zuständen anderer; nervösen Ängsten.

Ähnliche Blüten:

Angelica, Aspen, Bärlauch, Chamomile, Crab Apple, Larch, Morning Glory

19 – GOLDENROD (KANADISCHE GOLDRUTE)

Die Pubertäts-Blüte – für „Mitläufer", bei fehlender Stabilität und mangelndem Selbstvertrauen.

Das Tier...

- ist widerspenstig,
- zeigt rüpelhaftes Benehmen und Spiel,
- testet immerzu Grenzen aus,
- sucht Negativaufmerksamkeit,
- ist aggressiv und laut,
- ist wankelmütig und unsicher.

Thema: Gruppenfähigkeit – Individualität – Barrierenabbau

Fördert und unterstützt...

... die eigene Identität; innere Stabilität und Selbstsicherheit; offenen Umgang mit anderen; Rücksichtnahme; die Feinmotorik.

Lernziele:

Selbstachtung und Sicherheit im Fühlen und im Ausdruck.

Kann eingesetzt werden bei...

... Pubertätsgebaren; vergraulen von Freunden durch Negativ-Verhalten und rüpelhafte Art; Lernschwierigkeiten; Disziplinlosigkeit; altersbedingter Unsicherheit; grobem Umgang mit sich selbst und anderen.

Ähnliche Blüten:

Adol Essence, Chicory, Holly, Quaking Grass, Saguaro, Sticky Monkeyflower, Tiger Lily, Trumpet Vine, Vervain, Walnut, Wild Oat, Yellow Star Tulip

20 – INDIAN PAINTBRUSH (MAULBEERGEWÄCHS)

Gegen Frustration. Für Kreativität, Spaß bei der Arbeit, Ausdauer und Durchhaltevermögen.

Das Tier...

- ist schnell erschöpft und hat keine Ausdauer,
- ist schnell frustriert und resigniert,
- macht lieber nichts, bevor es was Falsches macht,
- wirkt unzufrieden mit eigener Situation.

Thema: Vitalität – Willenskraft – Kreativität

Fördert und unterstützt...
... Ausdauer und Durchhaltevermögen; Kreativität; das Einhalten von schöpferischen Pausen; Ausdrucksstärke.

Lernziele:
Das Entdecken und Akzeptieren der eigenen Stärken und Schwächen; Selbstfindung.

Kann eingesetzt werden bei...
... Frustration; kreativen Übungen wie zum Beispiel Clickertraining; großer Unzufriedenheit mit der eigenen Lebenssituation; mangelnder Willenskraft; fehlendem Spaß an der Arbeit; wenn man den Wald vor lauter Bäumen nicht zu sehen scheint; mentaler Erschöpfung.

Ähnliche Blüten:
California Poppy, Chestnut Bud, Shasta Daisy, Willow

21 – INDIAN PINK (KALIFORNISCHES LEIMKRAUT)
die Gelassenheits-Blüte

Für Gelassenheit und Leistungsfähigkeit im Chaos sowie in Prüfungssituationen.

Das Tier...

- möchte sich am liebsten verkriechen,
- mag ungestört sein und keine Hektik um sich haben,
- ist leicht überfordert,
- ist unkonzentriert,
- wirkt ängstlich,
- kann leicht aus dem Konzept gebracht werden,
- kann nur sehr schlecht Kritik vertragen.

Thema: Innere Balance – Abgrenzung – Koordination

Fördert und unterstützt...

... das Finden der eigenen Mitte und der Sicherheit in sich; den Mut zu haben, rechtzeitig wegzugehen; unbeeindruckt von der Umgebung seiner Tätigkeit nachzugehen; Konzentrationsfähigkeit; Zentriertheit.

Lernziele:

Sich auf wenige wichtige Dinge fokussieren können; weniger ablenkbar sein.

Kann eingesetzt werden bei...

... Prüfungen; neuen, bedrohlich wirkenden Situationen, Überforderungsbefürchtungen, Hektik; Stadtspaziergängen; Verwirrtheit; Stress; Nervosität.

Ähnliche Blüten:

Birne, Cognis Essence, Elm, Garlic, Ginkgobaum, Immergrün, Larch, Peppermint, Scleranthus, Victoria Regia, White Chestnut, Yarrow

22 – LARKSPUR (RITTERSPORN)
die Selbstlosigkeits-Blüte

Für Pedanten und Kleinlichkeitskrämer. Larkspur fördert Gleichmut und Nachsicht.

Das Tier...
- ist unnachgiebig und will unbedingt den eigenen Kopf durchsetzen,
- ist hart im Nehmen und im Austeilen,
- neigt zu aggressivem Verhalten bei Frustration,
- ist ehrgeizig,
- ist stur und egoistisch,
- hat ein stark ausgeprägtes Pflichtbewusstsein,
- besteht auf der strikten Einhaltung von eingefahrenen Routinen,
- kommt schlecht mit Futterumstellung klar.

Thema: Ausgewogenheit – Führung – Begeisterung

Fördert und unterstützt...
... Gleichmut; Großzügigkeit und Nachsicht; die Fähigkeit, anderen eigene Entwicklungsmöglichkeiten zuzugestehen; positives Charisma; Uneigennützigkeit.

Lernziele:
Gelassenheit; Toleranz gegenüber anderen; Entspannung.

Kann eingesetzt werden bei...
... Dominanzstreben; Rechthaberei; Unnachgiebigkeit; Perfektionismus; Tendenz, alles selber zu machen; Geltungsdrang, übermäßiges Pflichtbewusstsein.

Ähnliche Blüten:
Sunflower, Tiger Lily, Willow, Yellow Star Tulip

23 – LAVENDER (ECHTER LAVENDEL)
die Stille-Blüte

Bei Schlafschwierigkeiten, nervlicher Überreizung, großer innerer Unruhe, nervösen Beschwerden und psychosomatischen Störungen sowie Rastlosigkeit und Stress.

Das Tier...
- ist nervös und unruhig,
- wirkt verspannt und gestresst,
- schläft schlecht ein oder schreckt immer wieder aus dem Schlaf hoch,
- schläft nur mit einem Auge,
- spürt schnell Spannungen im Umfeld auf,
- ist schreckhaft,
- ist gestresst,
- leidet unter Gesundheitsstörungen, die psychosomatischen Ursprungs sind,
- zittert häufiger.

Thema: Stille – Einkehr – Loslassen

Fördert und unterstützt...
... Balance zwischen Ruhe und Aktivität; Loslassenkönnen; erholsamen Schlaf; innere Ruhe; Ausgeglichenheit; Stressabbau; Harmonieempfinden; innere Gelassenheit.

Lernziele:
Loslassen können; sich entspannen; Beruhigung; erholsam schlafen.

Kann eingesetzt werden bei...
... zu hohen Anforderungen an sich selbst; Ruhelosigkeit, ständig in Bewegung sein; Stress und Leistungsdruck; innerer Anspannung durch Übertreibung; unruhigem Schlaf; Schlaflosigkeit; strapazierten Nerven; nervösen Beschwerden (zittern, Ticks, Kopfschmerzen, Reizmagen).

Ähnliche Blüten:
Chamomile, Ginkgobaum, Impatiens

24 – LOTUS (LOTUS)
die Harmonie-Blüte

Lotus ist die Blüte für unruhige, unbalancierte und erschöpfte Tiere. Sie fördert die Ausgewogenheit im Denken und im Körperausdruck.

Das Tier...
- ist unkoordiniert in seinen Bewegungsabläufen,
- überfordert sich leicht,
- scheint uneins mit sich und der Umwelt,
- ist innerlich aufgewühlt,
- ist offensichtlich weder körperlich noch seelisch in Balance.

Thema: Einklang – Balance – Ruhe

Fördert und unterstützt...
... Ausgewogenheit; Klarheit; innere und äußere Ruhe, besseres Koordinationsvermögen; Erholung von dem Gefühl, überfordert zu sein.

Lernziele:
Stabilisierung der inneren und äußeren Balance.

Kann eingesetzt werden bei...
... schlechter Koordination im Ausdruck und in der Bewegung; Erschöpfungszuständen auf Grund von Überforderung; Unausgeglichenheit, Unruhe; Hyperaktivität; unharmonischem Gesamteindruck.

Ähnliche Blüten:
Agrimony, Dogwood, Scleranthus, Pink Yarrow, Sunflower

25 – MADIA (ÖLMADIE)
die Klarheits-Blüte

Madia hilft Tieren, die leicht abzulenken sind, schnell ermüden und ständig unkonzentriert sind. Sie fördert eine höhere Konzentrationsfähigkeit und ein besseres Durchhaltevermögen.

Das Tier...

- ist sehr leicht ablenkbar,
- kann sich nur schlecht konzentrieren,
- ermüdet schnell,
- hat kein Durchhaltevermögen,
- wirkt zerstreut.

Thema: Konzentration – Zielbewusstsein – Aufgewecktheit

Fördert und unterstützt...
... Sammlung und Fokussierung der Gedanken; die Fähigkeit, sich von vielem auf eines zu konzentrieren; geistige Wachheit und Aufmerksamkeit; Durchhaltevermögen; Klarheit im Ausdruck; Lernvermögen; Aufnahmefähigkeit.

Lernziele:
Stabilität im gedanklichen Chaos; Fokussierung; Ausdauer; leichter lernen.

Kann eingesetzt werden bei...
... Konzentrations- und Lernschwäche; Gedächtnistraining; Prüfungen; Erschöpfung.

Ähnliche Blüten:
Chestnut Bud, Rabbitbrush, Rosemary, Shasta Daisy

26 – MALLOW (MALVE)
die Offenheits-Blüte

Für Tiere mit gestörter Kontaktfähigkeit, die schüchtern und zurückhaltend sind. Mallow ist die Freundschaftsessenz.

Das Tier...

- ist sozial unsicher und schüchtern,
- ist kontaktscheu, macht nie den ersten Schritt,
- geht Konflikten aus dem Weg,
- ist zurückhaltend,
- ist misstrauisch,
- scheint lieber allein zu sein (Einzelgänger).

Thema: Freundschaft – Vertrauen

Fördert und unterstützt...

... Nähe und Tiefe in Beziehungen; Selbstbewusstsein; Selbstwertgefühl; Offenheit und Vertrauen; positive Kontaktaufnahme mit anderen (Menschen und Tieren).

Lernziele:

Sicherheit; Vertrauen in sich und andere setzen können.

Kann eingesetzt werden bei...

... Kontaktstörungen; Schüchternheit; Angst; sozialer Unsicherheit; mangelnder Selbstachtung; Reserviertheit.

Ähnliche Blüten:

Angelica, Bauhinia, Cerato, Confidence Essence, Flannel Flower, Mallow, Relationship Essence, Sticky Monkeyflower, Sweet Pea, Yarrow

27 – MANZANITA (KLEBRIGE BÄRENTRAUBE)
die Selbstannahme-Blüte

Manzanita hilft bei Aggression (auch Autoaggression), Stress und Negativismus.

Das Tier...

- benagt sich selbst an den Pfoten; hat Leckekzeme,
- kränkelt leicht,
- macht sich nur höchst ungern schmutzig oder nass,
- hat einschneidende Veränderungen erlebt,
- leidet unter mangelndem Selbstvertrauen,
- scheint oft zwiegespalten zu sein,
- zeigt nicht selten ein gestörtes Essverhalten.

Thema: Eigenständigkeit – innere Stabilität – Selbstvertrauen

Fördert und unterstützt...

... Selbstannahme; Stressabbau; Verarbeitung von einschneidenden Erlebnissen; Wertschätzung für den eigenen Körper.

Lernziele:

Positive Lebenseinstellung; adäquater Umgang mit Stressbelastung.

Kann eingesetzt werden bei...

... überwiegend negativer Einstellung aus mangelndem Vertrauen; Putzsucht; autoaggressiven Zwangshandlungen (Belecken und Benagen von Körperteilen); Schwangerschaft; Ekel vor bestimmten Dingen (zum Beispiel Futter).

Ähnliche Blüten:

Agrimony, Blackberry, Crab Apple, Centaury, Dogwood, Honeysuckle, White Chestnut, Willow

28 – MARIPOSA LILY (MORMONENTULPE)
die Beziehungs-Blüte

Mariposa unterstützt eine gesunde Mutter-Kind-Beziehung.

Mariposa hilft...
- Ammentieren oder Ersatzmüttern,
- beim Eintreffen des Welpen im neuen Heim.

Thema: Liebe – Beziehung – Loslassen – Stabilität

Fördert und unterstützt...
... emotionale Stabilität; das Annehmen, Abschiednehmen und sich lösen können; psychische Abnabelung; jede Mutter-Kind-Beziehung (auch unechte).

Lernziele:
Mutterinstinkte aktivieren; Selbstsicherheit im Umgang mit anderen.

Kann eingesetzt werden bei...
... Aufzucht durch Ammentiere; Welpenübernahme; Eingewöhnung ins neue Heim; der Vorbereitung auf eine „Ersatzmutterschaft“.

Ähnliche Blüten:
Cosmos, Gänseblümchen, Mallow, Quaking Grass, Relationship Essence

29 – MILKWEED (HERZBLÄTTRIGE SEIDENPFLANZE)
die Selbstwahrnehmungs-Blüte

Milkweed hilft bei extremer Abhängigkeit und emotionaler Unreife. Die Blüte stärkt das Selbstwertgefühl und ermöglicht emotionale Stärke und Unabhängigkeit.

Das Tier...

- ist emotional unreif,
- hat ständig Appetit,
- ist sehr unselbstständig,
- zeigt eine absolute Abhängigkeit von seiner Bezugsperson,
- ist unkonzentriert.

Thema: Individualität – Selbstsicherheit

Fördert und unterstützt...
... die „Ich-Kräfte"; Unabhängigkeit; Selbstständigkeit; die emotionale Weiterentwicklung; das Selbstbewusstsein.

Lernziele:
Entwicklung der Eigenständigkeit; Abnabelung von Abhängigkeitsverhältnissen.

Kann eingesetzt werden bei...
... Neigung zu überzogener Selbstkritik; Abhängigkeit von anderen; Training zum Alleinbleiben; Problemlösungsübungen; Abnabelung von einem Alttier; notwendiger Urlaubsbetreuung.

Ähnliche Blüten:
Bleeding Heart, Centaury, Cerato, Garlic, Gentian, Heather

30 – MORNING GLORY (PURPURWINDE, PRUNKWINDE)
die Wachheits-Blüte

Bei mangelnder Vitalität und Wachheit.

Das Tier...

- ist ein Morgenmuffel und döst viel,
- wirkt schlapp und entkräftet,
- neigt zu sprunghaften Stimmungswechseln,
- ist innerlich ruhelos und nervös.

Thema: Entspannung – Rhythmusfindung

Fördert und unterstützt...

... Struktur und Rhythmus in der Lebensgestaltung; die Willenskraft, sich aus (krankmachenden) Gewohnheiten zu lösen; Wachheit; Leistungsfähigkeit; Gleichgewicht und Mäßigung.

Lernziele:

Vertrauen auf die eigenen Kräfte; bessere Einteilung der innewohnenden Energien.

Kann eingesetzt werden bei...

... mangelnder Vitalität; fehlender Kraft; Unfähigkeit, sich aus einer Abhängigkeit zu befreien; fehlendem Rhythmus; chaotischem Lebenswandel; Rastlosigkeit; zur Unterstützung einer Entgiftung des Körpers; destruktiven Gewohnheiten.

Ähnliche Blüten:

Bärlauch, Clematis, Gänsedistel, Hornbeam, Tansy

31 – OREGON GRAPE (BERBERITZE, SAUERDORN)
die Urvertrauens-Blüte

Oregon Grape hilft bei Furcht, Misstrauen und Feindseligkeit und fördert soziales Vertrauen. Für Tiere, die die Welt als unsicher und Furcht erregend erleben.

Das Tier...

- gehört zu den ängstlichen Typen,
- ist misstrauisch,
- erschreckt sich leicht und oft,
- fühlt sich und/ oder wird häufig missverstanden,
- neigt zu Fehlinterpretationen des Verhaltens anderer,
- ist ein Einzelgänger,
- verhält sich zum Teil (angst-)aggressiv.

Thema: Zuversicht – Freundschaft – Offenheit

Fördert und unterstützt...

... Vertrauen in andere; das Erkennen der freundlichen und positiven Seiten des Lebens; angemessene Vorsicht im Umgang mit anderen; eine korrekte Motivwahrnehmung; Selbstvertrauen; Furchtabbau; Offenheit.

Lernziele:

Urvertrauen zurückerobern; positive Lebenseinstellung; innere Ruhe und Sicherheit.

Kann eingesetzt werden bei...

... Paranoia oder übertriebenem Selbstschutz; Erwartungen von Feindseligkeiten anderer; Pessimismus; Groll; Hassgefühlen; misstrauischer Grundhaltung; Schreckhaftigkeit mit teilweise heftigen aggressiven Reaktionen.

Ähnliche Blüten:

Angelica, Aspen, Bauhinia, Garlic, Mallow, Sticky Monkeyflower, Willow

32 – PENSTEMON (DAVIDSONS BARTFADEN)
die Standfestigkeits-Blüte

Für Tiere in extrem schwierigen Situationen. Penstemon steigert das Durchhaltevermögen und die Zuversicht in Krisenzeiten. Hilft nach Unfällen und bei dadurch entstandenen Behinderungen.

Das Tier...

- ist schnell müde und abgespannt,
- wirkt resigniert,
- scheint hoffnungslos,
- ist extrem leicht frustrierbar,
- hat einschränkende Krankheiten,
- leidet unter schwierigen äußeren Umständen,
- hat Versagensängste,
- ist selbstmordgefährdet.

Thema: Klarheit – Herausforderung – Entwicklung

Fördert und unterstützt...

... das Durchhaltevermögen in schweren Zeiten; die Erkenntnis, dass auch Schicksalsschläge für die Entwicklung notwendig sind; Zuversicht; Selbstvertrauen.

Lernziele:

Sich Herausforderungen mutig stellen; schweren Zeiten Positives abgewinnen können.

Kann eingesetzt werden bei...

... extremen Lebensumständen oder Krisenzeiten wie zum Beispiel einschränkenden Krankheiten, Behinderung, Beziehungskrisen, vorübergehender notwendiger Zwingerhaltung, tiefer Verzweiflung, Suizidgefährdung, etc.; Prüfungssituationen.

Ähnliche Blüten:

Angelica, Clematis, Gorse, Mustard, Rescue Remedy, Star of Bethlehem, Sweet Chestnut

33 – PEPPERMINT (PFEFFERMINZE)
die Aufmerksamkeits-Blüte

Peppermint hilft bei Konzentrationsschwäche und sorgt für Vitalität und Aufnahmefähigkeit.

Das Tier...
- scheint unaufmerksam,
- ist unkonzentriert,
- wirkt lernunfähig,
- verhält sich lethargisch,
- ist träge,
- ist verfressen,
- wirkt unflexibel,
- ist schwerfällig.

Thema: Konzentration – Merkfähigkeit – geistige Frische

Fördert und unterstützt...
... das Lernvermögen; Vitalität; die geistige und physische Beweglichkeit; die Aufnahmefähigkeit.

Lernziele:
Geistige Fitness; mentale Klarheit.

Kann eingesetzt werden bei...
... Konzentrationsschwäche; Apathie; mangelnder Merkfähigkeit und Lernfaulheit; unausgeglichenen Stoffwechselkräften; Schwerfälligkeit im Denken und im Körperausdruck; Neigung zu stumpfem Vorsichhinbrüten; mangelnder Vitalität.

Ähnliche Blüten:
Cayenne, Chestnut Bud, Cognis Essence, Morning Glory, Rosemary, Shasta Daisy

34 – PINK MONKEYFLOWER (ROSA GAULKLERBLUME)

die Selbstannahme-Blüte

Pink Monkeyflower hilft bei Scham- und Schuldgefühlen, Kontaktschwierigkeiten und ist gut für „Maskenträger". Die Blüte fördert Selbstvertrauen, Zuversicht und Beziehungsfähigkeit.

Das Tier...

- ist ängstlich,
- wirkt verschlossen,
- neigt zu eigenbrötlerischem Verhalten,
- ist unsicher,
- macht weiter, auch wenn es erschöpft ist, nur um nicht aufzufallen,
- wirkt leicht verwundbar.

Thema: Offenheit – Ehrlichkeit – Mut

Fördert und unterstützt...

... emotionale Freiheit; Beweglichkeit; Selbstvertrauen; Zuversicht; Selbstliebe; die weibliche Seite; die Beziehungsfähigkeit.

Lernziele:

Gesundes Selbstvertrauen; Eigenverantwortung; Befreiung von Selbstzweifeln.

Kann eingesetzt werden bei...

... tiefen emotionalen Verletzungen und Missbrauch; traumatischen Kindheitserlebnissen; Kontaktschwierigkeiten, „Maske tragen"; Selbstverleugnung; großer Verwundbarkeit und Sensibilität.

Ähnliche Blüten:

Agrimony, Bauhinia, Larch, Mallow, Pine

35 – PINK YARROW (ROSA SCHAFGARBE)
die Selbstschutz-Blüte

Für Tiere, die wie ein „emotionaler Schwamm“ sind; die unter Wetterfühligkeit und Essstörungen leiden. Die Blüte gibt seelisch-emotionalen Schutz in belastender Umgebung oder Situation.

Das Tier...
- ist wetterfühlig,
- kann verfressen oder aber sehr mäkelig sein,
- ist nervös,
- kann sehr leicht reizbar sein,
- lässt sich leicht mitreißen,
- ist das „Barometer“ bzw. der Spiegel für Stimmungen in der Familie.

Thema: Ausgeglichenheit – Abgrenzung

Fördert und unterstützt...
... gesundes Mitgefühl; Stimmungsabgrenzung von anderen; Schutz in belastender Umgebung; mentale Klarheit.

Lernziele:
Gesunde Abgrenzung; innere Stärke; Gelassenheit im Chaos.

Kann eingesetzt werden bei...
... Tierheimaufenthalt; großer Empfänglichkeit für Gefühle und Stimmungen anderer; mangelnder Abgrenzung; Neigung zu Hysterie; Nervosität; Essstörungen; Schwangerschaft; Stress; Ausstellung; Hundeplatzbesuch; Empfang von (ungebetenen) Gästen.

Ähnliche Blüten:
Angelica, Aspen, Birne, Red Clover, Scleranthus

36 – QUAKING GRASS (GROSSES ZITTERGRAS)
die Team-Blüte

Quaking Grass ist hilfreich für Tiere, die Schwierigkeiten haben, sich zu integrieren und zwischen dominantem Verhalten und Unterwerfung schwanken. Die Blüte sorgt für Harmonie im Rudel und hilft den Tieren, sich anzupassen. Sie gilt als die Teamessenz. Quaking Grass eignet sich auch sehr gut als Raumspray (Vernebelung über herkömmliche Duftlampen).

Das Tier...

- verhält sich aggressiv und unsicher,
- ist dominant, will dominieren,
- ist sturköpfig,
- sprengt Gruppen und will immer im Mittelpunkt stehen oder ist ängstlich in Gruppen und dann unruhig bzw. rastlos.

Thema: Teamfähigkeit – Ausgewogenheit – Eingliederung

Fördert und unterstützt...

... Sinn für Gemeinschaft; Ausgewogenheit zwischen Individualität und Teamgeist; das Gefühl, Mitglied einer Gruppe zu sein, ohne sich dabei selbst zu verlieren; Akzeptanz von neuen Familienmitgliedern.

Lernziele:

Integration in bestehende Gruppen; ausgewogenes Gefühlsleben erlangen; Respekt vor sich selbst und anderen haben.

Kann eingesetzt werden bei...

... Teamwork, Gruppentraining, Änderungen in der Familienkonstellation; neuen Tieren, die in bestehende Gruppen integriert werden sollen; Pensionsaufenthalt; Persönlichkeitskonflikten, mangelnder Flexibilität in der Arbeit mit anderen; mangelnder Akzeptanz von Neuzugängen.

Ähnliche Blüten:

Beech, Gänseblümchen, Goldenrod, Mallow, Mountain Devil, Relationship Essence, Tiger Lily, Trumpet Vine, Saguaro, Yellow Star Tulip

37 – RABBITBRUSH (HASENBÜRSTE)
die Überblicks-Blüte

Rabbitbrush erweitert Horizont und Blickwinkel und fördert die Konzentration. Für mentale Klarheit sowie bei extremen emotionalen Notsituationen.

Das Tier...

- ist leicht irritierbar,
- kann schlecht Kritik vertragen,
- lässt sich leicht entmutigen und frustrieren,
- wirkt schnell unaufmerksam,
- ist unkonzentriert und hat anscheinend „1000 Dinge im Kopf",
- ist pedantisch bei mangelndem Überblick,
- zeigt oft Übersprungsreaktionen,
- wirkt wie ein „zerstreuter Professor".

Thema: Wachheit – Überblick

Fördert und unterstützt...

... aktives und lebhaftes Bewusstsein; Flexibilität; Entscheidungsfreude; Organisationstalent; Konzentration; Aufmerksamkeit; den Blickwinkel auf das große Ganze.

Lernziele:

Mentale Klarheit und Strukturiertheit; gesundes Selbstvertrauen.

Kann eingesetzt werden bei...

... Reizüberflutung; dem Gefühl der Überforderung durch ungefilterte Sinneseindrücke; allen organisatorischen Tätigkeiten; wenn man den Wald vor lauter Bäumen nicht sieht.

Ähnliche Blüten:

Chestnut Bud, Cognis Essence, Corn, Dill, Indian Paintbrush, Indian Pink, Madia

38 – RED CLOVER (ROTER WIESENKLEE)
die Gewissheits-Blüte

Als Erste Hilfe bei Naturkatastrophen und bei Gruppenhysterie. Red Clover wirkt beruhigend (zum Beispiel vor dem Gang zum Tierarzt) und fördert Ruhe und Gelassenheit. Weiterhin empfehlenswert bei Tendenz zu Unfällen und Selbstzerstörung.

Das Tier...

- ist autoaggressiv,
- zeigt sich ruhelos und nervös,
- lässt sich schnell mitreißen,
- wird schnell hysterisch (Red Clover beruhigt besonders gut Katzen).

Thema: Innere Balance – Selbstbewusstsein – Stabilität

Fördert und unterstützt...

... Abgrenzung in Gruppen; seelische Stabilität in Krisenzeiten; Individualitätsfindung; Ruhe und Gelassenheit in chaotischer Umgebung oder Atmosphäre.

Lernziele:

Abgrenzung von den emotionalen Belangen anderer; stabiles Selbstwertgefühl erlangen; im Chaos den Überblick behalten.

Kann eingesetzt werden bei...

... Gruppenhysterie; Notfallsituationen aller Art; außer Kontrolle geratenen Emotionen; angespannter häuslicher Atmosphäre oder schwierigen Familiensituationen, in denen Gewalt und Zerstörung vorkommen; Sterbebegleitung.

Ähnliche Blüten:

Birne, Cherry Plum, Dogwood, Impatiens, Lavender, Manzanita, Rock Rose

39 – ROSEMARY (ROSMARIN)
die Klarheits-Blüte

Für Tiere, die müde, unkonzentriert und mental erschöpft sind. Rosemary sorgt für geistige Fitness, Klarheit und Konzentration, hilft bei Gedächtnisverlust (zum Beispiel nach einem Unfall) und in Prüfungssituationen.

Das Tier...

- steht zeitweise unter erhöhter geistiger Anspannung (neue Lernsituation),
- wirkt schlapp und müde,
- lässt sich kaum motivieren,
- friert auffällig oft (zittert, hat kalte Extremitäten),
- scheint oft neben sich zu stehen,
- kann sich schlecht oder nur kurzzeitig konzentrieren,
- atmet eher flach denn tief in den Bauch hinunter.

Thema: geistige Frische – Konzentration – Merkfähigkeit

Fördert und unterstützt...
... mentale Klarheit; Merkfähigkeit; Konzentrationsfähigkeit; Denkvermögen; Intuition; Gelassenheit im Stress; Energie, Kraft und Wärme.

Lernziele:
Mentale Frische und optimale geistige Aufnahmefähigkeit erlangen.

Kann eingesetzt werden bei...
... Prüfungen; Zeiten erhöhten Leistungsdrucks; partieller Gedächtnisverlust nach Unfall oder auf Grund von Altersdemenz; Lampenfieber; Konzentrationsschwäche; schlechter Merkfähigkeit; geistiger Erschöpfung; momentaner Überforderung.

Ähnliche Blüten:
Borage, Chestnut Bud, Cognis Essence, Elm, Madia, Olive, Wild Rose

40 – SAGUARO (RIESENSÄULENKAKTUS)
die Führungs-Blüte

Saguaro ist die Essenz für den Revoluzzer, der sich schlecht in eine Gemeinschaft eingliedern kann.

Das Tier...
- ist widerspenstig und starrsinnig,
- lehnt sich gegen jegliche Autorität auf,
- ist rebellisch,
- zeigt rüpelhaftes Benehmen,
- überspielt sein mangelndes Selbstvertrauen durch Aggression,
- zeigt brutales Spielverhalten,
- ist unsicher und desorientiert,
- will im Mittelpunkt stehen.

Thema: Rücksicht – Eingliederung

Fördert und unterstützt...
... Flexibilität und Verständnis für andere; Demut; Unterscheidung zwischen veränderbaren Dingen und solchen, die man ertragen muss.

Lernziele:
Seinen Platz und seine Aufgabe finden; Rücksichtnahme lernen; Akzeptanz.

Kann eingesetzt werden bei...
... Pubertätsproblemen, Unbeugsamkeit, Negativismus, Revoluzzerverhalten, aggressiver Ablehnung von Autoritäten; Macho-Mentalität; Vater-Sohn-Konflikten.

Ähnliche Blüten:
Beech, Goldenrod, Mountain Devil, Relationship Essence, Sunflower, Snapdragon, Sweet Pea, Tiger Lily, Trillium, Trumpet Vine, Vine, Wild Oat, Yellow Star Tulip

41 – SAINT JOHN'S WORT (JOHANNISKRAUT)
die Vertrauens-Blüte

Hilft bei Überempfindlichkeit gegen Licht und Sonne (zum Beispiel bei sehr hellhäutigen Tieren) und Unsauberkeit aus Angst. Saint John's Wort wirkt beruhigend und ausgleichend und stärkt den Hautschutzmantel.

Das Tier...

- hat Pigmentstörungen,
- leidet unter Hautirritationen,
- ist lichtempfindlich,
- hat Angst vor Feuer und Lichtblitzen,
- hat intensive Träume, während derer es wimmert und schreit,
- ist nachts unsauber,
- zeigt Unterwürfigkeitsharnen,
- wirkt überfordert und entkräftet.

Thema: Distanz und Nähe

Fördert und unterstützt...

... das Einschlafen; Beruhigung; Verarbeitung belastender Situationen; innere Sicherheit; Selbstvertrauen; Gelassenheit auch in neuen Situationen.

Lernziele:

Dünnhäutigkeit ablegen; Selbstsicherheit; sich Ängsten stellen, Energiereserven mobilisieren.

Kann eingesetzt werden bei...

... Depressionen; Ängsten; Hautproblemen; Bettnässen; Schwellenerfahrungen wie Tod oder Krankheit; Albträumen; besonders bei Angst vor Feuer und Licht; Unterwürfigkeitsharnen.

Ähnliche Blüten:

Angelica, Chaparral, Confidence Essence, Garlic, Larch, Lavender, Mimulus, Rock Rose, Solaris Essence

42 – SELF HEAL (KLEINE BRAUNELLE)
die Selbstheilungs-Blüte

Self Heal gilt als die Notfallessenz, die die Selbstheilungskräfte mobilisiert (kann in Notfällen statt Rescue Remedy gegeben werden).

Das Tier...

- verhält sich unruhig, scheint hin- und hergerissen,
- ist schnell entmutigt,
- kränkelt leicht,
- „bedauert“ sich bei kleinen Blessuren selbst am meisten.

Thema: Selbstannahme – Selbstheilungskräfte – Selbstvertrauen

Fördert und unterstützt...
... Selbstheilungskräfte; Heilfastenkuren; Entgiftung; Heilungsprozess; Rekonvaleszenz nach Operationen oder schweren Krankheiten; Vitalität.

Lernziele:
Hilfe zur Selbsthilfe; Ausgeglichenheit; Selbstverantwortung übernehmen.

Kann eingesetzt werden bei...
... Erschöpfung; Wandern von einer Krankheit zur nächsten; fehlender Motivation zur Gesundung; psychosomatischen Störungen; Nachbehandlung von Wunden und Verletzungen; Rekonvaleszenz, Schock; Immunstörungen; negativer Selbstprogrammierung; wenn andere Methoden schon erfolglos ausgeschöpft wurden.

Ähnliche Blüten:
Arnica, Chicory, Emergency Essence, Garlic

43 – SHASTA DAISY (VERSCHIEDENBLÄTTRIGE MARGERITE)

die Kreativitäts-Blüte

Bei mangelnder Selbstständigkeit und fehlender Kreativität. Shasta Daisy eignet sich gut für reine „Kopf-Tiere" und zur Unterstützung bei Verhaltensmusteränderung.

Das Tier...

- scheint immer erst nachzudenken, bevor es den nächsten Schritt unternimmt,
- tut lieber nichts, bevor es was falsch macht,
- wirkt leicht verwirrt und geistig abwesend,
- scheint ständig in Angst, Sorge und Panik zu leben,
- traut sich nichts zu,
- zeigt eingefahrene Verhaltensweisen,
- präsentiert zwanghaft wirkende Verhaltensweisen.

Thema: Eigenständigkeit – Verhaltensänderung

Fördert und unterstützt...

... Kreativität; aktive Änderungen von Verhaltensmustern; Selbstständigkeit; die Konzentration beim Beschäftigungstraining; mentale Klarheit.

Lernziele:

Kreativität entwickeln; Zwänge identifizieren und ablegen; Selbstvertrauen aufbauen.

Kann eingesetzt werden bei...

... mangelnder Kreativität und wenn das Tier nichts ausprobieren will (zum Beispiel beim Clickern); Zwangshandlungen.

Ähnliche Blüten:

Birne, Confidence Essence, Ginkgobaum, Tachinaste

44 – SHOOTING STAR (GÖTTERBLUME, RIESEN-ZYKLAME)

die Erdungs-Blüte

Für Tiere, die bei Stress hysterisch reagieren und buchstäblich den Boden unter den Füßen verlieren. Für innere Stabilität und Selbstsicherheit und bei Geburtskomplikationen (Fehl-, Früh-, Sturzgeburten, Tod von Geschwistern).

Das Tier...

- ist ein Einzelgänger,
- hat mangelnden Kontakt zu anderen und zu sich selbst,
- wirkt einsam und mürrisch,
- fühlt sich offensichtlich unwohl,
- hat einen instabilen Gang und eine schlechte Koordination,
- scheint nicht geerdet zu sein,
- ist hysterisch.

Thema: Eigenannahme – Einordnung

Fördert und unterstützt...

... Eingebundensein in das soziale Umfeld; Selbstbewusstsein; Erdung; Sicherheit.

Lernziele:

Innere Stabilität, Sicherheit und Balance aufbauen; bessere Koordination und Feinmotorik erlangen; sich auf andere einlassen können.

Kann eingesetzt werden bei...

... Stressreaktionen; Hysterie; Hyperaktivität; Wahrnehmungsstörungen; fehlender Balance/ Erdung; plötzlich einsetzendem Geburtsvorgang.

Ähnliche Blüten:

Adol Essence, Confidence Essence, Dogwood, Lotus, Mallow, Oregon Grape, Willow

45 – SUNFLOWER (SONNENBLUME)
die Bewusstseins-Blüte

Sunflower hilft bei mangelnder Vitalität und „Halsstarrigkeit“. Es sorgt für Erdung und die Entwicklung wahrer Führungsqualitäten.

Das Tier...

- ist müde und schlapp,
- wirkt „geknickt“,
- hat Probleme mit der oberen Wirbelsäule und/oder Verspannungen der Nackenmuskulatur,
- ist unreif und hat eine fehlende Erdung,
- wirkt energielos,
- hat Autoritätskonflikte,
- hat einen ungenügenden Blutfluss zu den Extremitäten (zum Beispiel ständig kalte Pfoten).

Thema: Autorität – Vitalität – Entwicklung

Fördert und unterstützt...

... die natürliche Autorität; die Beweglichkeit des Halses; Energie und Kreativität, Eigenverantwortung; partnerschaftlichen Umgang; Kompetenz; Souveränität; Erdung und Energie.

Lernziele:

Souveränität; Lockerheit; Entwicklungsfähigkeit; Rücksichtnahme auf die eigenen Grenzen.

Kann eingesetzt werden bei...

... Durchblutungsstörungen in den Extremitäten; Autoritätskonflikten; mangelnder Erdung; „Hibbeligkeit“; Gleichgewichtsstörungen; Energieverlust; Stauungsbeschwerden im Bereich Magen, Galle und Bauchspeicheldrüse (Pankreas); Nackenbeschwerden (Nackenmuskulatur und/oder -wirbelsäule); „Halsstarrigkeit“.

Ähnliche Blüten:

Dandelion, Hornbeam, Gorse, Oak, Relationship Essence

46 – SNAPDRAGON (LÖWENMAUL)
die Kommunikations-Blüte

Bei Misstrauen und beißender Abweisung.

Das Tier...

- ist misstrauisch,
- neigt zum Angstbeißen,
- verhält sich widerspenstig,
- ist ausgesprochen leicht reizbar,
- hat ein aggressives Auftreten,
- bellt gern und viel,
- ist eher ein Einzelgänger,
- hat möglicherweise Essstörungen oder Verdauungsprobleme,
- ist möglicherweise hypersexuell oder sexuell frustriert.

Thema: Energie – Ausgeglichenheit

Fördert und unterstützt...

... gesunde Geschlechtskraft, ausgewogene sprachliche Kommunikation; Gelassenheit; Ausgewogenheit im Gefühlsausdruck.

Lernziele:

Abbau von Feindseligkeiten und Ressentiments; Selbstsicherheit; Souveränität.

Kann eingesetzt werden bei...

... Spannungen im Kieferbereich; unterdrückter oder fehlgeleiteter Libido; ehemaligen Deckrüden; verbaler Aggression und Feindseligkeit; Fresssucht; großer Reizbarkeit; Tendenz zum Angstbeißen; Wutausbrüchen.

Ähnliche Blüten:

Beech, Chamomile, Cherry Plum, Holly, Impatiens, Manzanita, Oregon Grape, Wild Oat

47 – STAR THISTLE (SONNWENDFLOCKENBLUME)
die Großzügigkeits-Blüte

Star Thistle hilft Tieren, die futterneidisch und besitzgierig sind und allgemein nicht gut teilen können. Sie sorgt für innere Sicherheit und Großzügigkeit.

Das Tier...

- verhält sich aggressiv,
- wirkt sehr misstrauisch,
- ist futterneidisch und besitzgierig,
- will möglichst im Mittelpunkt stehen,
- ist unsicher,
- glaubt, immer zu kurz zu kommen.

Thema: Rücksichtnahme – Teilen

Fördert und unterstützt...

... Großzügigkeit; Freigiebigkeit; Ausgleich von Geben und Neben; innere Sicherheit.

Lernziele:

Teilen können ohne die Befürchtung, zu kurz zu kommen; Selbstsicherheit.

Kann eingesetzt werden bei...

... der ständigen Angst, zu kurz zu kommen; verkrampftem Umgang mit Wertgegenständen; innerer Leere bei äußerlichem Reichtum; Einsamkeit; Absonderung; Verschlossenheit; Futterneid; extrem weitem Individualabstand.

Ähnliche Blüten:

Abund Essence, Beech, Holly, Impatiens, Relationship Essence

48 – STICKY MONKEYFLOWER (KLEBRIGE GAUKLERBLUME)

die Akzeptanz-Blüte

Hilft nach Schocksituationen im Welpenalter oder beim Deckakt. Für Tiere, die gegen alles mögliche protestieren und unter fehlendem Vertrauen leiden.

Das Tier...

- bellt schnell, laut und anhaltend,
- neigt zu Dominanzgebaren,
- zeigt ein ausgeprägtes Territorialverhalten (markieren, kontrollieren, verteidigen),
- neigt zu Protestpinkeln (auch Katzen im Haushalt),
- hat kein Vertrauen,
- zeigt ein gestörtes Sexualverhalten,
- hat Angst vor Nähe und Berührungen.

Thema: Liebe – Akzeptanz – Vertrauen

Fördert und unterstützt...

... Verarbeitung emotionaler Schocksituationen, Vertrauen in die Umwelt und in Partner; Harmonisierung der sexuellen Empfindungen.

Lernziele:

Vertrauen lernen; normaler Umgang mit Sexualität und Partnerschaft.

Kann eingesetzt werden bei...

... Kontrollzwang; Probleme beim Deckakt; ständigem Verteidigungsstreben; starkem Bewachungsdrang; sozialer Unsicherheit; Hypersexualität; mangelnder Bereitschaft, sich auf Intimität und Nähe einzulassen; Furcht vor Berührungen des Hinterteils; gestörte Kontaktaufnahme zum anderen Geschlecht; „Stutenbissigkeit".

Ähnliche Blüten:

Flannel Flower, Dandelion, Mountain Devil, Oregon Grape, Red Chestnut, Star of Bethlehem, Shooting Star

49 – SWEET PEA (BREITBLÄTTRIGE PLATTERBSE)
die Verantwortlichkeits-Blüte

Bei Entwurzelung aus dem sozialen Umfeld. Für Außenseiter mit Schwierigkeiten, sich auf Nähe und Bindungen einzulassen.

Das Tier...

- ist unsicher,
- verhält sich ängstlich,
- scheint ein Außenseiter zu sein,
- hat eine starke innere Unruhe,
- wirkt „getrieben",
- kann nur schwer Vertrauen fassen und eine Bindung eingehen.

Thema: Verantwortung – Gemeinschaft

Fördert und unterstützt...

... Bindungsfähigkeit; einen Platz in der Gruppe zu finden; Verantwortung tragen zu können.

Lernziele:

Vertrauen entwickeln; Wurzeln schlagen; sich auf Nähe und Bindung einlassen können.

Kann eingesetzt werden bei...

... Bindungsangst; Entfremdung und Isolation; Außenseitern; Einsamkeit; zu oberflächlichem Kontakt mit der Umwelt; Schwierigkeiten, Interesse für andere aufzubringen; krampfhaftem Drang, alles besser allein zu machen; Depression und Verzweiflung; Angst vor sozialen Konflikten.

Ähnliche Blüten:

Angelica, Buttercup, Cosmos, Flannel Flower, Gänseblümchen, Ginkgobaum, Mallow

50 – TANSY (RAINFARN)
die Durchbruchs-Blüte

Tansy hilft bei Trägheit und Faulheit. Für Tiere, die wie eine „ewige Schlafmütze“ durchs Leben gehen. Es dient zum Durchbrechen der Lethargie und kann eine Alternative sein, wenn Hornbeam nicht wirkt.

Das Tier...

- wirkt lethargisch,
- ist müde bis apathisch,
- ist faul und lustlos,
- wirkt selbstzufrieden,
- ist unentschlossen wegen mangelnden Selbstbewusstseins,
- wirkt zögerlich,
- ist defensiv und geht Streit aus dem Weg,
- meidet Anstrengungen,
- zeigt keine Begeisterung und Neugierde,
- hat Stagnationstendenzen,

Thema: Selbstbewusstsein – Energie

Fördert und unterstützt...
... Aktivität; Interesse am Leben; Weiterentwicklung; Entscheidungsfreude; Motivation.

Lernziele:
Innere Kraftquellen finden und mobilisieren; aktive Auseinandersetzung mit den Lebensumständen und dem Umfeld.

Kann eingesetzt werden bei...
... fehlender Begeisterungsfähigkeit und/ oder Neugierde; Apathie; psychischer und physischer Schwerfälligkeit; Unentschlossenheit; zögerlichem Verhalten; Motivationsverlust; Lethargie; Trägheit; Lustlosigkeit.

Ähnliche Blüten:
Cayenne, Clematis, Hornbeam, Gorse, Morning Glory, Olive, Sunflower, Sweet Chestnut, Wild Rose

51 – TIGER LILY (LILIE)
die Dienen-Blüte

Bei Macho-Mentalität und Streitsucht bei Rüden.

Das Tier...

- will im Mittelpunkt stehen und duldet niemanden neben sich,
- ist aggressiv,
- zeigt sich feindselig (auch Feindseligkeit zwischen Hund und Katze),
- hat hormonelle Schwankungen mit Stimmungswechseln,
- ist überhaupt nicht teamfähig,
- hat kaum weibliche Attribute,
- zeigt wenig Einfühlungsvermögen,
- liebt Wettkämpfe,
- ist ehrgeizig.

Thema: Rücksichtnahme – Dienen

Fördert und unterstützt...

... die Entwicklung der weiblich-emotionalen Seite; das Einordnen der eigenen Kräfte in größere Zusammenhänge; die Fähigkeit, anderen „dienen“ zu können oder andere zu unterstützen.

Lernziele:

Friedfertigkeit; Teamfähigkeit; emotionale Ausgeglichenheit.

Kann eingesetzt werden bei...

... Cholerikern; „Midlife-Crisis“ (hormonellen Schwankungen), Überbetonung der männlich-emotionalen Seite; Stress und Gereiztheit vor allem im Stadtleben; rücksichtslosen Einzelkämpfern; fehlender innerer Harmonie und Balance; Feindseligkeit; überbetonter Männlichkeit; Streitsucht.

Ähnliche Blüten:

Beech, Holly, Impatiens, Snapdragon, Trillium, Vine, Wild Oat, Yellow Star Tulip

52 – TRILLIUM (DREIBLATT, WALDLILIE)
die Selbstlosigkeits-Blüte

Für despotische, dominante und machthungrige Tiere, die sogar eine Krankheit dazu nutzen, Macht auszuüben. Trillium verhilft zu mehr Selbstlosigkeit. Alternativblüte, wenn Vine nicht wirkt.

Das Tier...
- ist neidisch (auch bei Futter),
- ist eifersüchtig,
- drängelt sich ständig vor,
- ist gierig,
- verhält sich aggressiv-fordernd,
- will nicht teilen,
- ist ehrgeizig und übertrieben enthusiastisch.

Thema: Läuterung – Überwindung

Fördert und unterstützt...
... Ausgewogenheit im Geben und Nehmen; anderen Raum zur Entwicklung geben; Demut und dienen lernen; Teamfähigkeit; teilen können; Selbstlosigkeit.

Lernziele:
Teamfähigkeit; Ausgeglichenheit; Selbstbeherrschung.

Kann eingesetzt werden bei...
... Habgier; Krankheit, die dazu genutzt wird, Macht auszuüben, Machtspielen zwischen Sozialpartnern; bei Despoten; „Großmäulern"; Egozentrikern; Neidhammeln.

Ähnliche Blüten:
Holly, Impatiens, Mountain Devil, Star Thistle, Tiger Lily, Vervain, Vine, Yellow Star Tulip

53 – TRUMPET VINE (TROMPETENBLUME)
die Ausdrucks-Blüte

Trumpet Vine hilft bei Tieren mit inadäquaten Verhaltensweisen.

Das Tier...

- äußert sich nicht adäquat,
- bellt zu viel oder nie,
- spielt entweder brutal oder extrem unterwürfig,
- zeigt eine zuchtbedingt eingeschränkte Verhaltensäußerung.

Thema: Balance

Fördert und unterstützt...
... angemessene Ausdrucksformen und Äußerungen; Harmonie in der Bewegung und im Umgang mit anderen.

Lernziele:
Sich mitteilen können, ohne zu übertreiben; Selbstvertrauen aufbauen.

Kann eingesetzt werden bei...
... gestörter Kontaktfähigkeit und mangelnder Ausdrucksfähigkeit (auch zuchtbedingt).

Ähnliche Blüten:
Birne, Cherry Plum, Chicory, Heather, Holly, Impatiens, Lotus, Quaking Grass, Scleranthus, Sticky Monkeyflower

54 – YARROW (GEWÖHNLICHE SCHAFGARBE)
die Schutzschild-Blüte

Für Tiere, die sehr sensibel sind und sich in der Masse ausgeliefert und bedrängt fühlen. Yarrow hilft bei Wetterfühligkeit und gilt als allgemeine Schutzessenz (auch bei Strahlen, Ozon etc.).

Das Tier...

- ist ein Einzelgänger und zieht sich zurück,
- neigt zu Allergien,
- ist empfindlich gegenüber Störungen und Neuem,
- leidet unter Hautirritationen,
- ist kraftlos,
- ist überempfindlich gegenüber Neuerungen, aber auch bei Berührungen,
- verkraftet Lärm, Stress und Hektik nicht gut (Stadtleben),
- kann Spannungen in seinem Umfeld nur schlecht ertragen,
- ist kaum kritikfähig.

Thema: Abgrenzung – Positivismus

Fördert und unterstützt...

... den allgemeinen Schutzaufbau; seelisches Schutzschild; Abgrenzung; Schutz vor negativen Umwelteinflüssen (besonders wirksam als Yarrow Special Formula, einer Mischung aus Yarrow, Arnica und Echinacea auf der Basis von Meerwasser).

Lernziele:

Abgrenzung von anderen; Grenzen erkennen und beachten; Geborgenheit empfinden; in sich selbst ruhen können; Optimismus.

Kann eingesetzt werden bei...

... Neigung zu Allergien, Wetterfühligkeit, Hypersensibilität; dem Gefühl, ausgeliefert zu sein; Engegefühl in Menschenmassen; Klaustrophobie; Stressempfindlichkeit; negativer Erwartungshaltung.

Ähnliche Blüten:

Angelica, Bauhinia, Cognis Essence, Corn, Dill, Emergency Essence, Gänsedistel, Honeysuckle, Oregon Grape, Victoria Regia

55 – YELLOW STAR TULIP (GELBE MORMONENTULPE)

die Einfühlungs-Blüte

Für Tiere mit fehlendem Mitgefühl, die völlig selbstbezogen und unsensibel sind.

Das Tier...

- verhält sich dominant,
- ist rücksichtslos,
- verhält sich häufig aggressiv,
- ist selbstbezogen.
- ist ein „Ein-Mann-Tier".

Thema: Rücksichtnahme – Einfühlsamkeit

Fördert und unterstützt...

... Einfühlungsvermögen; Empfänglichkeit für Gefühle anderer; Sensibilität.

Lernziele:

Sich einfügen können; sich anderen gegenüber öffnen; Rücksichtnahme.

Kann eingesetzt werden bei...

... Rücksichtslosigkeit; Machtspielchen; Egozentrik; Traumabewältigung.

Ähnliche Blüten:

Tiger Lily, Trillium, Vine, Willow

56 – YERBA SANTA (HEILIGES KRAUT)
die Loslass-Blüte

Yerba Santa hilft bei Trauer, Melancholie und Asthma. Es sorgt für innere Befreiung und hilft beim Loslassen einengender Gefühle. Die Blüte ist sinnvoll zusammen mit anderen Essenzen, die bisher unterdrückte Emotionen hervorrufen.

Das Tier...

- kann offenbar nicht tief ein- oder durchatmen,
- leidet unter eingeschränkter Lungenfunktion, Problemen mit den Bronchien, Asthma oder ständigen (allergisch bedingten?) Kehlkopfreizungen,
- wirkt innerlich wie äußerlich verspannt,
- scheint oftmals ohne nachvollziehbaren Grund traurig zu sein.

Thema: Befreiung – Leichtigkeit

Fördert und unterstützt...

... Loslassen und Verarbeiten alter, einengender Gefühle; notwendige Trauerarbeit; innere Befreiung; Aufatmen; ungehinderten Fluss zwischen Geben und Nehmen; die Harmonie und Wirksamkeit anderer Essenzen.

Lernziele:

Sich befreit fühlen; das Leben genießen lernen; Trauer überwinden.

Kann eingesetzt werden bei...

... schmerzhaften Erfahrungen; verinnerlichter Trauer und Melancholie; Neigung zu Asthma und Lungenkrankheiten; emotionalen Spannungen; Depression und Verzweiflung; flacher Atmung durch unterdrückte Gefühle.

Ähnliche Blüten:

Borage, Cayenne, Chaparral, Gänsedistel, Rock Water, Staudenfeuerkraut, Tachinaste

Neue Blüten aus aller Welt – ihre Leitsymptome und Einsatzbereiche

BÄRLAUCH (WILDER KNOBLAUCH)
die Reinigungs-Blüte (Deutschland)

Bärlauch dient der Erneuerung, der Entschlackung und der Steigerung der Abwehrkräfte.

Das Tier...
- ist kränklich,
- wirkt verspannt,
- wirkt oft schlapp und lustlos,
- hat häufig Infekte, Pilzerkrankungen und Hautirritationen,
- neigt zu Allergien,
- wird oft von Blähungen geplagt,
- hat einen ungleichgewichtigen Säure-Basen-Haushalt des Körpers,
- ist reizbar.

Thema: Reinigung – Erneuerung

Fördert und unterstützt...
... ein gesundes und leistungsfähiges Immunsystem; optimale Entschlackung, Beseitigung von seelischen und körperlichen „Altlasten"; Entgiftung nach Narkosen etc.; Darmsanierung.

Lernziele:
Ballast abwerfen; sich befreit fühlen; nichts mehr in sich „hineinfressen".

Kann eingesetzt werden bei...
... Frühjahrsmüdigkeit; Übersäuerung (Magen, Gelenke, Rheuma, Muskelschmerzen); Allergien; Darmpilzen; Parasiten; Diätkuren; Essstörungen; Überlastung der körperlichen Abwehrkraft.

Ähnliche Blüten:
Crab Apple, Echinacea, Garlic, Self Heal

BIRNE (BIRNENBLÜTE)
die Geborgenheits-Blüte (Deutschland)

Birne hilft bei ständigen Selbstzweifeln und Unsicherheit. Sie steht für Geborgenheit und Entscheidungsfähigkeit und unterstützt die Abnabelung von der Mutter, der Jugend oder von Vorbildern.

Das Tier...

- wirkt innerlich zerrissen und aufgewühlt,
- ist verspannt,
- kann sich nicht entscheiden,
- ist unruhig,
- wirkt unzufrieden,
- hat Angst vor dem Alleinsein,
- zeigt neurotische Störungen.

Thema: Innere Ruhe – Entscheidungen treffen

Fördert und unterstützt...
... Entscheidungsfähigkeit; innere Sicherheit und Stabilität; gesundes Selbstwertgefühl; Selbstkontrolle.

Lernziele:
Unabhängigkeit von anderen; Realitätssinn entwickeln; zu Entscheidungen stehen; Selbstsicherheit; gesunden Optimismus entwickeln.

Kann eingesetzt werden bei...
... allen Abnabelungsprozessen; innerer Zerrissenheit; Unselbstständigkeit; Selbstzweifeln; starker Unruhe; Unsicherheit, Abhängigkeit; Verspannungen; übermäßiger Erregbarkeit bis hin zur Panik.

Ähnliche Blüten:
Blackberry, Cayenne, Cerato, Milkweed, Scleranthus

GÄNSEBLÜMCHEN
die Zuversichts-Blüte (Deutschland)

Gänseblümchen hilft bei der Verarbeitung von Erfahrungen und dabei, seinen Platz zu finden.

Das Tier...

- hat Schwierigkeiten, sich in eine Gruppe zu integrieren,
- hat große Probleme, sich abzunabeln und selbstständig zu werden,
- erscheint orientierungslos,
- kann nur schwer Vertrauen fassen,
- ist misstrauisch,
- wirkt leicht überfordert,
- erscheint häufig handlungsunfähig.

Thema: Integration – Erfahrungen sammeln – Vertrauen entwickeln

Fördert und unterstützt...

... Selbstsicherheit; Selbstbewusstsein; Integrations- und Abnabelungsprozesse.

Lernziele:

Sich in eine Gemeinschaft integrieren können, ohne sich selbst zu verlieren; die eigene Mitte finden.

Kann eingesetzt werden bei...

... orientierungslos und ungeschützt wirkenden Tieren; Entwurzelung aus dem sozialen Umfeld; Eingliederung in eine bestehende Gruppe; typischem Pubertätsgebaren.

Ähnliche Blüten:

Ginkgobaum, Goldenrod, Quaking Grass, Shasta Daisy, Sweet Pea, Sticky Monkeyflower

GÄNSEDISTEL
die Kraft-Blüte (Deutschland)

Gänsedistel unterstützt die Tiere dabei, Widerständen zu trotzen und dem Leben die Stirn zu bieten. Hilfreich nach Unfällen, Operationen und schwerer Erkrankung.

Das Tier...

- ist häufig verkrampft,
- leidet unter Höhenangst und/ oder Reisekrankheit,
- hat kein Durchhaltevermögen,
- ist wenig selbstbewusst,
- wirkt leicht überfordert,
- scheint wenig geerdet zu sein.

Thema: Widerstandskraft – Ausdauer – Standsicherheit

Fördert und unterstützt...

... Selbstsicherheit; Selbstbewusstsein; Entspannung und innere Ruhe; Durchsetzungsvermögen; Balance und Erdung.

Lernziele:

Sich auch in Krisenzeiten der eigenen Stärken bewusst bleiben; Kräfte mobilisieren; Ausgewogenheit im Körperausdruck; sich durchboxen können, wenn's drauf ankommt; Heiterkeit und Zuversicht trotz schwieriger Umstände.

Kann eingesetzt werden bei...

... schwachen, kränklichen Tieren mit wenig Selbstvertrauen; Reisekrankheit; Höhenangst; Klaustrophobie; Muskelverkrampfungen; Spannungskopfschmerz; Tieren mit geringer Durchsetzungskraft; Mobbingopfern; Tieren, die oft „den Boden unter den Pfoten verlieren“ und die dann hibbelig, verkrampft und ungeerdet wirken. Außerdem nach Operationen, zehrender Krankheit und Unfällen.

Ähnliche Blüten:

Aspen, Dogwood, Garlic, Shooting Star

GINKGOBAUM
die Balance-Blüte (Japan)

Ginkgo hilft bei der Angst vor Veränderung und gilt als Blockadebrecher. In spannungsgeladenen Situationen wirkt Ginkgo ausgleichend und regulierend.

Das Tier...
- zeigt auffällige körperliche und/ oder seelische Blockaden,
- leidet unter Durchblutungsstörungen,
- hat Angst vor Neuerung und Veränderung,
- wirkt unnahbar oder sehr aufdringlich,
- leidet oftmals unter Stauungen im Lymphsystem,
- hat Lernschwierigkeiten wegen Konzentrationsschwäche.

Thema: Blockaden – Neues annehmen – Balance

Fördert und unterstützt...
... Selbstsicherheit; Mut zum Neubeginn; die Fließkraft der Körperflüssigkeiten.

Lernziele:
In jeder Beziehung die richtige Balance zwischen Nähe und Abstand finden; Blockaden erkennen und lösen; Vertrauen in die eigenen Fähigkeiten entwickeln.

Kann eingesetzt werden bei...
... Angst vor Neuerung und Veränderung; Tieren, die nie die richtige Balance zwischen Nähe und Abstand finden können; Tieren, die Raubbau mit ihren Kräften treiben; Veränderungen im Lebensstil, Umfeld oder Rhythmus; Konzentrationsbeschwerden und Lernschwäche in hektischer Umgebung; Stauungen im Fluss der Körpersäfte (Ödeme, Durchblutungsstörungen, Lymphflüssigkeit, Prostatabeschwerden, Zeugungsproblemen etc.).

Ähnliche Blüten:
Honeysuckle, Tachinaste, Victoria Regia, Walnut, White Chestnut

IMMERGRÜN
die Nervenkraft-Blüte (Deutschland)

Immergrün sorgt für Entspannung und Klarheit und hilft bei der Verarbeitung von Erfahrungen. Besonderes geeignet auch für Hundeführer bei Prüfungen und Vorführungen.

Das Tier...

- verliert leicht die Nerven,
- reagiert hektisch auf Besucher,
- hat Einschlaf- oder Durchschlafschwierigkeiten,
- ist nervös und unsicher,
- wirkt überlastet,
- ist angespannt,
- wirkt leicht verwirrt und zerstreut.

Thema: Ruhe – Entspannung – Nervenkraft

Fördert und unterstützt...
... Selbstvertrauen; Nervenkraft; mentale Stärke; Sicherheit; Entspannung; Schlaf; das vegetative Nervensystem.

Lernziele:
Auch in hektischen Situationen ruhig und gelassen bleiben; den Überblick behalten; zentriert sein.

Kann eingesetzt werden bei...
... Schlafschwierigkeiten; in Phasen größerer Belastung; hektischer Umgebung; innerer Anspannung; dem Gefühl von Überforderung; zur Beruhigung; Reizüberflutung; Nervosität.

Ähnliche Blüten:
Lavender, Pink Yarrow, Rabbitbrush, Red Clover, Rescue Remedy, Rosemary, Shooting Star, Sticky Monkeyflower, Sweet Pea, Yarrow

STAUDENFEUERKRAUT
die Heilungs-Blüte (Deutschland)

Staudenfeuerkraut hilft bei alten seelischen und/ oder körperlichen Wunden, Verletzungen und Traumata. Es eignet sich auch gut als Umschlag bei Brandwunden.

Das Tier...

- hat Narbenschmerzen,
- hat großflächige Wunden,
- hat körperliche Problemzonen,
- hat Blockaden,
- leidet unter traumatischen Erfahrungen,
- hat Nervenschädigungen.

Thema: Heilung – den eigenen Körper annehmen – Traumabewältigung

Fördert und unterstützt...

... Lebenskraft und Lebensmut; das Überwinden alter Blockaden; Verarbeitung von seelischen Verletzungen; Wundheilung.

Lernziele:

Im Einklang mit dem eigenen Körper sein; Selbstliebe; Regeneration.

Kann eingesetzt werden bei...

... Problemen mit alten Verletzungen oder Narbengewebe bei Wetterumschwüngen; großflächigen Brandwunden oder Verletzungen (auch als Umschlag oder Beimischung in Cremes); Traumabewältigung; Taubheitsgefühlen nach Nervenschädigung; seelischen oder körperlichen Blockaden.

Ähnliche Blüten:

Arnica, Dogwood, Rescue Remedy, Self Heal, Emergency Essence

TACHINASTE (WEISSE TACHINASTE)
die Ich-schaffe-das-Blüte (Spanien)

Tachinaste steht für den Durchbruch, zum Beispiel während der letzten Phasen von Geburt und Sterben und bei der Zahnung.

Das Tier...

- ist gefangen in „bewährten" Verhaltensmustern,
- hat Angst vor Neuerungen und Veränderungen,
- wirkt gehemmt,
- ist nervös und unsicher,
- ist verspannt, besonders im Nacken und Rücken,
- zeigt eine geduckte Körperhaltung,
- atmet deutlich zu flach.

Thema: sich Ziele setzen und erreichen – Mut – Entwicklung

Fördert und unterstützt...

... Selbstvertrauen; Mut zur Veränderung; innere Stärke; eine aufrechte Körperhaltung.

Lernziele:

Sich lösen von alten Verhaltensmustern; trotz äußerem Druck eine innere Linie verfolgen; den „inneren Schweinehund" besiegen.

Kann eingesetzt werden bei...

... „Duckmäusern"; Verspannungen durch mangelndes Selbstwertgefühl; überall dort, wo ein Durchbruch ansteht, zum Beipiel bei der Zahnung, Geburt und Sterben; Neuanfängen.

Ähnliche Blüten:

Aspen, Buttercup, Cayenne, Cerato, Dogwood, Walnut, White Chestnut

VICTORIA REGIA (GRÖSSTE SEEROSE DER WELT)
die Zuversichts-Blüte (Amazonasgebiet)

Victoria Regia hilft und unterstützt bei Angst vor Wandlung oder vor dem Tod. Die Blüte eignet sich auch bei der Geburts- oder Sterbebegleitung (beispielsweise als Raumspray).

Das Tier...

- leidet unter Schlaflosigkeit,
- ist übervorsichtig,
- wirkt gehemmt und unsicher,
- hat kein Vertrauen in sich und andere,
- kann sich nicht entspannen,
- hat eine pessimistische Grundeinstellung,
- zeigt eine geduckte Körperhaltung,
- leidet unter unklaren Ängsten.

Thema: Ruhe – Heiterkeit – Besonnenheit – Entspannung

Fördert und unterstützt...

... Entspannung; einen gesunden Schlaf; Gleichmut und Beruhigung; die Lösung von Spannungen im Magen- und Solarplexusbereich; die vollständige Verarbeitung von Konflikten; emotionales Gleichgewicht; ein sonniges Gemüt.

Lernziele:

Stress nicht nur als bedrohlich empfinden, sondern als Herausforderung annehmen; ruhig und ausgeglichen auf Veränderungen reagieren.

Kann eingesetzt werden bei...

... emotional labilen Tieren, die launenhaft sind und ständig wechselnde Stimmungen zeigen; Reizbarkeit; Unruhe; Spannungen im Solarplexusbereich; empfindlichem Magen (Reizdarm).

Ähnliche Blüten:

Fuchsia, Immergrün, Impatiens, Lavender, Red Clover, Saint John's Wort, Shooting Star, Sticky Monkeyflower, Trumpet Vine, Vervain

WILDE MÖHRE
die Erkennen-Blüte (Deutschland)

Wilde Möhre bringt „Licht ins Dunkel“ und hilft bei allen Augenkrankheiten (als Zusatztherapie). Auch für Menschen, die „die Augen vor etwas verschließen“ und/oder Tatsachen leugnen.

Das Tier...

- hat vermutlich oder offenbar eine Sehschwäche,
- zeigt deutlich gerötete oder gereizte Augen (Tierarzt hinzuziehen!),
- leidet unter Blockaden,
- reagiert unsicher oder verunsichert,
- leidet unter Wahrnehmungsstörungen des Gesichtssinns.

Thema: Sehen – Erkennen – Klarheit

Fördert und unterstützt...
... die natürliche Funktion der Augen als Sinnesorgan und Reiz-Reaktionsleiter.

Lernziele:
Im übertragenen Sinne: den Mut, die Augen zu öffnen vor Dingen, die man ins Unterbewusstsein verbannt hat; sich dem Leben stellen.

Kann eingesetzt werden bei...
... Unsicherheit auf Grund von Wahrnehmungsstörungen; als Zusatztherapie bei entzündeten Augen (Bindehaut, übermäßige Sonneneinstrahlung, Wind, Allergien etc.); Augenerkrankungen (ebenfalls als Zusatztherapie).

Australische Bushblüten – ihre Leitsymptome und Einsatzbereiche

BAUHINIA (LYSIPHYLLUM BAUM)
die Offenheits-Blüte

Bauhinia hilft bei Widerstand gegen Neues und Veränderungen und ist geeignet für verschlossene, verkrampfte und eher ängstliche Tiere.

Das Tier...

- reagiert widerwillig,
- ist ein Einzelgänger,
- zeigt sich unsicher und eher scheu,
- traut sich nichts zu,
- ist schnell frustriert, zieht sich dann zurück,
- leidet unter Verspannungen besonders der hinteren Körperpartie,
- friert oft regelrecht ein,
- ist nur schlecht motivierbar.

Thema: Entfaltung – Offenheit – gesunde Neugier

Fördert und unterstützt...

... Weiterentwicklung; Entfaltung; Offenheit und Akzeptanz gegenüber neuen Situationen; Kontaktaufnahme zu anderen Lebewesen; Neugierverhalten und Erfahrung.

Lernziele:

Gesundes Selbstwertgefühl; Selbstsicherheit; Offenheit und Neugier; Wagemut.

Kann eingesetzt werden bei...

... schüchternen, zurückhaltenden Tieren, die sich selbst nichts zutrauen und eher zwei Schritte zurück als einen nach vorne machen; vorhersehbaren Veränderungen (Urlaub, Besitzerwechsel, neue Arbeitszeiten etc.); undefinierbaren Ängsten und großer Zurückhaltung; Konfliktscheue; zur Unterstützung von Lernprozessen; älteren, schon lange in festen Bahnen eingefahrenen Tieren.

Ähnliche Blüten:

Agrimony, Larch, Indian Paintbrush, Mallow, Mustard, Pink Monkeyflower, Rabbitbrush, Shasta Daisy, Willow

BLACK EYED SUSAN (AUSTRALISCHER RAUHAARIGER SONNENHUT)

die Ruhe-Blüte

Black Eyed Susan ist geeignet für hektische und ungeduldige Hunde, die mit dem Kopf durch die Wand wollen und deren Frustration schnell in Aggression umschlagen kann.

Das Tier...

- ist übertrieben eifrig,
- lernt schnell, langweilt sich aber auch schnell,
- ist lebhaft bis hyperaktiv und oft übermotiviert,
- hat einen stetig hohen Energieverbrauch,
- ist ungeduldig und immer auf dem Sprung,
- hat öfters Verletzungen aus Schusseligkeit heraus,
- schläft „nur mit einem Auge“,
- neigt zu Verdauungsbeschwerden und Verspannungen.

Thema: Ruhe – Geduld – Gelassenheit

Fördert und unterstützt...

... Selbstbeherrschung; innere Ruhe und Zentriertheit; Zurückhaltung; Gelassenheit; Geduld.

Lernziele:

Sich besinnen können; sich weniger verausgaben; ruhig und gelassen sein können; einen gesunden Rhythmus finden.

Kann eingesetzt werden bei...

... Stress; Tieren, die regelmäßig Raubbau mit ihren Kräften treiben; übergroßem Enthusiasmus; Tieren, die immer unter Strom zu stehen scheinen; Nervosität und Konzentrationsschwächen; Intoleranz; aggressivem Verhalten aus Frustration heraus (Ursachen suchen und beheben!); Schlafschwierigkeiten; Unruhe; Hyperaktivität; Stressdurchfall.

Ähnliche Blüten:

Chamomile, Dandelion, Impatiens, Indian Pink, Lavender, Madia, Vervain, White Chestnut

FLANNEL FLOWER (FLANELLBLUME)
die Kontakt-Blüte

Flannel Flower hilft bei Berührungsängsten und Kontaktschwierigkeiten.

Das Tier...
- lässt sich ungern anfassen oder halten,
- hat massive Probleme mit der Fellpflege,
- ist extrem distanziert,
- wirkt unsicher,
- hat ein schlechtes Körperempfinden,
- neigt zu Blockaden,
- hat klaustrophobische Ängste entwickelt,
- zeigt eine mangelnde Sensibilität gegenüber anderen,
- verlangt (besonders von Fremden), dass man ihm gegenüber eine extrem große Individualdistanz einhält,
- versteckt seine Ängste hinter „Macho-Allüren".

Thema: Kontakt – Berührung

Fördert und unterstützt...
... Vertrauen in andere; Selbstbewusstsein; gesundes Körperbewusstsein; innere Sicherheit, Freude an Körperkontakt und körperlicher Aktivität.

Lernziele:
Sich anfassen (pflegen) lassen; Vertrauen entwickeln; Körperkontakt genießen; Nähe zulassen; Sanftheit und Sensibilität bei Berührungen.

Kann eingesetzt werden bei...
... Klaustrophobie, d. h. der Angst vor engen Räumen oder zu viel Nähe; ängstlichen und berührungsempfindlichen Tieren; allen notwendigen Körperpflegemaßnahmen; Körperarbeit jeder Art (Physiotherapie, Massagen usw.); TTouch-Sitzungen; Tieren, die eine auffällig große Individualdistanz haben; Machos.

Ähnliche Blüten:
Mallow, Mimulus, Sticky Monkeyflower, Water Violet

MOUNTAIN DEVIL (ROTER BERGTEUFEL)
die Toleranz-Blüte

Mountain Devil ist geeignet für cholerische Typen, die oft und gerne ausflippen.

Das Tier...

- ist leicht frustrierbar,
- neigt zu aggressivem Verhalten,
- rivalisiert mit anderen,
- wird schnell wütend,
- hat ein überschäumendes Temperament,
- überfordert sich leicht,
- kann Grenzen nur schlecht akzeptieren,
- ist ein cholerischer Typ,
- ist verbissen, misstrauisch und nachtragend,
- hat Verspannungen vor allem in der Kiefermuskulatur,
- will immer im Mittelpunkt stehen.

Thema: Akzeptanz – Toleranz – Milde

Fördert und unterstützt...

... Toleranz gegenüber anderen; verbesserte Selbstkontrolle; Selbsterkenntnis; Heiterkeit und Milde; Gelassenheit; Nachsicht.

Lernziele:

Mit Wut, Hass, Ärger, Eifersucht und Misstrauen adäquat umgehen können.

Kann eingesetzt werden bei...

... Pedanterie; „Macho-Allüren"; Cholerikern; verminderter Selbstkontrolle; Tieren, die überall an erster Stelle stehen müssen; nächtlichem Zähneknirschen; Neigung zu unberechenbaren Gefühlsausbrüchen (eher aggressiv); Rivalitäten unter Sozialpartnern.

Ähnliche Blüten:

Beech, Goldenrod, Holly, Saguaro, Star Thistle, Vervain, Vine, Tiger Lily, Trillium, Yellow Star Tulip

Kombinationen Australischer Bushblüten – ihre Leitsymptome und Einsatzbereiche

Diese aus mehreren Einzelblüten gemischten Kombinationsessenzen gründen auf dem uralten überlieferten Wissen der Aborigenes über heilkräftige Pflanzen und Kräuter ihrer Heimat und sollen helfen, mit den großen und kleinen Hürden des Lebens fertig zu werden. Unserer Erfahrung nach sind diese Mischungen hervorragend aufeinander abgestimmt, so dass wir bei ihrem Einsatz in den jeweiligen Gebieten durchweg gute Ergebnisse erzielen konnten.

Da diese Mischungen zum Teil bereits aus mehr als sieben Einzelblüten bestehen, sollten sie eher separat eingesetzt werden als einer Komposition hinzugefügt zu werden.

Abund Essence

Für Hunde, die immer das Schlimmste erwarten. Sie haben ein schlechtes Selbstwertgefühl, sind grundsätzlich pessimistisch gestimmt und reagieren misstrauisch auf alle neuen Dinge in ihrem Leben. Oft erscheinen sie regelrecht unfähig, etwas anzunehmen (nette Worte, Leckerli von Fremden oder freundlich gemeinte Annäherung), haben aber gleichzeitig Angst, nicht genug zu bekommen. Das treibt sie oft dazu, Dinge, die ihnen wichtig sind, zu horten und zu verteidigen. Außerdem leiden sie vermehrt unter Verlustängsten, was manchmal zu massiven Kontrollzwängen führt.

enthaltene Einzelblüten	Indikation in Stichworten
Bluebell	gefühlsmäßige Verschlossenheit; Verlustängste
Boab	negativ empfundene Familienstrukturen
Five Corners	niedrige Selbstachtung; unterentwickelte Persönlichkeit
Philotheca	Unfähigkeit, Lob anzunehmen
Southern Cross	Opfermentalität; Bitterkeit
Sunshine Wattle	Hoffnungslosigkeit; Zukunftsängste
Christmas Bell	Lebensangst; Verzweiflung

Adol Essence

Für Hunde (meist in der Entwicklung), die entweder ausgesprochen ruppig mit anderen umgehen oder sich plötzlich wie die sprichwörtliche „Mimose“ benehmen. Sie scheinen kein Gefühl (mehr) für ihren Körper und ihre Größe zu haben und sind überdies oft ausgesprochen wechselhaft in ihrer emotionalen Stimmungslage. Sie können entweder berührungsscheu oder auch extrem aufdringlich sein, sind meist konzentrationsschwach und schnell frustriert. Neue Ängste können auftreten oder es werden Grenzen ausgelotet. Der Hund scheint momentan mit sich und seiner Umwelt nicht im Reinen zu sein. Adol Essence behandelt die typischen Probleme der Pubertät.

enthaltene Einzelblüten	Indikation in Stichworten
Billy Goat Plum	Scham; Abscheu vor dem eigenen Körper
Boab	negativ empfundene Familienstrukturen
Bottlebrush	Angst vor Veränderung und Entwicklung
Dagger Hakea	Voreingenommenheit; Groll; Verbitterung
Five Corners	niedrige Selbstachtung; unterentwickelte Persönlichkeit
Flannel Flower	Angst vor Nähe und Berührungen
Kangaroo Paw	mangelnde Sensibilität; Unbeholfenheit; Konzentrationsschwäche
Red Helmet Orchid	Rebellion; Hitzköpfigkeit; Selbstsucht
Southern Cross	fehlendes Verständnis und Einfühlungsvermögen
Sunshine Wattle	Hoffnungslosigkeit; Zukunftsängste
Tall Yellow Top	Isolation; Entfremdung; Einsamkeit

Cognis Essence

Für Hunde, die zu Tagträumen neigen, die verwirrt reagieren, wenn man sie dann anspricht. Sie haben oft scheinbar das Gefühl, von allem überwältigt zu werden, sind meist unentschlossen und ziehen sich dann in sich selbst zurück. Sie können sich normalerweise nur schlecht oder sehr kurzzeitig auf etwas konzentrieren und scheinen nicht aus Erfahrungen zu lernen. Sich zwischen zwei oder mehreren Dingen bzw. Möglichkeiten zu entscheiden, fällt ihnen ebenfalls ausgesprochen schwer. Auch Hunden, die auf Grund ihres Alters geistig nicht mehr so fit sind (beginnende Senilität), kann Cognis Essence zu mehr Klarheit im Denken und besserer Fokussierung verhelfen.
Diese Blütenkombination verbindet kognitive und intuitive Prozesse miteinander. Sie hilft bei der Aufnahme und Umsetzung von Informationen und Ideen, was sie zu einer besonders hilfreichen Blütenessenz für Trainings und Seminare macht.

enthaltene Einzelblüten	**Indikation in Stichworten**
Paw Paw	Entscheidungsunfähigkeit; mangelnde Kreativität
Sundew	Unentschlossenheit; mangelnde Konzentrationsfähigkeit
Isopogon	Gedächtnisschwäche; Senilität; Unfähigkeit, aus vergangenen Erlebnissen zu lernen
Bush Fuchsia	Nervosität in Gruppen; schwach entwickelte Lernfähigkeit

Confidence Essence

Für Hunde, die man als das personifizierte „schlechte Gewissen" bezeichnen könnte. Sie haben so gut wie kein Selbstwertgefühl, fühlen sich immer sofort schuldig und sind sehr abhängig vom Schutz anderer. Schüchtern und ängstlich, wie sie sind, zeigt auch ihre Körperhaltung keine „Größe". In Hundegruppen sind sie deswegen die idealen Mobbingopfer.
Confidence Essence erlaubt das Loslösen von negativen Selbstvorstellungen und verhilft so zu mehr Selbstachtung und einer gesunden Entfaltung der Persönlichkeit.

enthaltene Einzelblüten	**Indikation in Stichworten**
Five Corners	niedrige Selbstachtung; unterentwickelte Persönlichkeit
Dog Rose	Schüchternheit; Unsicherheit; Angst im Umgang mit anderen
Sturt Desert Rose	niedrige Selbstachtung; Schuldgefühle; Manipulierbarkeit
Southern Cross	Opfermentalität
Boab	negativ empfundene Familienstrukturen

Dynamis Essence

Für alle, die sich momentan sehr erschöpft, müde und kraftlos fühlen. Nach großen Kraftanstrengungen, zehrender Krankheit oder länger andauernder Überforderung lädt Dynamis Essence die inneren Batterien wieder auf und verhilft so zu neuem Schwung, mehr Vitalität und frischem Enthusiasmus.

enthaltene Einzelblüten	Indikation in Stichworten
Old Man Banksia	Schlaffheit; Trägheit; niedriger Energielevel; Entmutigung
Macrocarpa	Müdigkeit; Erschöpfung; Burn-out-Syndrom; geschwächte Immunabwehr; zehrende Krankheit
Crowea	diffuses Unwohlsein; ständiges Sich-Sorgen
Wild Potato Bush	Niedergeschlagenheit; körperliche Beeinträchtigung
Banksia Robur	Frustration; Abgeschlagenheit; Müdigkeit

Emergency Essence

Diese Mischung ist das australische Pendant zu den Notfalltropfen von Dr. Bach, Rescue Remedy. Sie wird ebenfalls eingesetzt bei seelischen und/oder körperlichen Traumata, bei Panikgefühlen, Albträumen, Unfällen, abnormer Stressbelastung, Gefühlen von Verzweiflung und großer Hoffnungslosigkeit.

In akuten Notsituationen soll die Essenz einmal stündlich oder je nach individuellem Bedarf auch öfter genommen werden, bis eine Besserung des Befindens eintritt oder medizinische Hilfe da ist.

enthaltene Einzelblüten	Indikation in Stichworten
Waratah	Unfähigkeit, auf Krisen angemessen zu reagieren; absolute Verzweiflung; Hoffnungslosigkeit
Fringed Violet	Schock; seelisches und/ oder körperliches Trauma
Crowea	diffuses Unwohlsein; ständiges Sich-Sorgen
Sundew	mangelnde Konzentration; Tagträumerei
Grey Spider Flower	inneres Frieren; Entsetzen; Panik; Albträume

Relationship Essence

Für Hunde, die ihre wahren Gefühle verbergen oder die kaum in der Lage sind, dauerhafte, innige Beziehungen zu anderen aufzubauen. Die Tiere gehen wahllos mit jedem mit oder grenzen sich ganz deutlich ab und bleiben lieber für sich allein. Relationship Essence hilft, die Qualität einer Beziehung zu vertiefen und zu verbessern und wird von uns gern bei Integrationsprozessen jeder Art hinzugezogen.

enthaltene Einzelblüten	Indikation in Stichworten
Bluebell	gefühlsmäßige Verschlossenheit; Verlustängste
Bush Gardenia	Stagnation in Beziehungen; Selbstsucht; Unaufmerksamkeit
Dagger Hakea	Voreingenommenheit; Groll; Verbitterung
Mint Bush	Bestürzung; Verzweiflung
Red Suva Frangipani	emotionale Erregung; Trauer; Kummer
Boab	negativ empfundene Familienstrukturen
Flannel Flower	Angst vor Nähe und Berührungen
Wedding Bush	Schwierigkeiten, sich auf verbindliche Beziehungen einzulassen

Transition Essence

Hunde, die sich generell ablehnend gegenüber Neuem verhalten, weil sie innerlich sehr unsicher und ängstlich sind, können mit Transition Essence lernen, im Vertrauen auf sich selbst sich auf Wandlungen und Veränderungen einzulassen. Diese Essenz ist bei notwendigen Abnabelungsprozessen von gewohnten (Familien-) Strukturen ein wertvoller Helfer. Ein besonderes Einsatzgebiet kann auch die Bekämpfung von sichtbaren Todesängsten innerhalb eines Sterbeprozesses sein.

enthaltene Einzelblüten	Indikation in Stichworten
Autumn Leaves	Realitätsverlust
Bush Iris	Angst vor dem Tod; Materialismus
Bottlebrush	Angst vor Veränderung im Lebensrhythmus
Bauhinia	Widerwille gegen Neues und Unbekanntes
Lichen	Stagnation in den eigenen Möglichkeiten

Travel Essence

Für Hunde, die besonders schnell von auf sie einstürmenden Reizen überwältigt werden und dann verängstigt und nervös reagieren. Sie fühlen sich orientierungslos, vollkommen überfordert und stehen bald an der Grenze ihrer Belastbarkeit. Auch Erschöpfungszustände durch Reizüberflutung und körperliche Symptome der Reisekrankheit werden durch Travel Essence deutlich gemildert. Diese Blütenessenz hilft, zentriert, ruhig und gelassen zu bleiben, auch wenn das gewohnte Umfeld fehlt und viele neue Eindrücke auf einen einstürmen.

enthaltene Einzelblüten	Indikation in Stichworten
Banksia Robur	Frustration; Abgeschlagenheit; Müdigkeit
Bush Iris	Angst vor Veränderungen und vor dem Tod
Bottlebrush	die Überwältigung durch die Veränderungsprozesse des Lebens
Bush Fuchsia	Nervosität in Gruppen oder Enge
Crowea	diffuses Unwohlsein; ständiges Sich-Sorgen
Fringed Violet	Schock; seelisches und/ oder körperliches Trauma
Macrocarpa	Müdigkeit; Erschöpfung; Burn-out-Syndrom
Mulla Mulla	Angst vor Hitze
Paw Paw	Entscheidungsunfähigkeit; mangelnde Kreativität
Red Lily	Tagträumereien, die zu Unfällen führen
She Oak	hormonelles Ungleichgewicht
Silver Princess	Ziellosigkeit; Verzweiflung; Lustlosigkeit
Sundew	mangelnde Konzentrationsfähigkeit

Woman Essence

Woman Essence harmonisiert Körper und Seele während der Hormonschwankungen des weiblichen Zyklus. Bei Problemen mit den Läufigkeitsintervallen oder mit immer wiederkehrenden Phasen von Energielosigkeit und Leistungsabfall kann Woman Essence das Mittel der Wahl sein. Besonders unkastrierte, zu „Zickenterror" neigende Hündinnen profitieren von dieser Mischung.

enthaltene Einzelblüten	Indikation in Stichworten
Billy Goat Plum	Scham; Abscheu vor allem Körperlichen
Bottlebrush	die Überwältigung durch die Veränderungsprozesse des Lebens
Crowea	diffuses Unwohlsein; ständiges Sich-Sorgen
Mulla Mulla	Angst vor Feuer oder „heißen" Situationen
Old Man Banksia	Schlaffheit; Trägheit; niedriger Energielevel; Entmutigung
Peach-Flowered Tea Tree	Stimmungsschwankungen; Mangel an Durchhaltevermögen
She Oak	hormonelles Ungleichgewicht

Kleines Repertorium der Essenzen

Zur Abgrenzung der einzelnen Blüten voneinander hier eine Übersicht nach den jeweiligen Indikationsbereichen.

Die Indikationsbereiche haben wir wiederum nach Themen geordnet.

Unter dem jeweiligen Oberbegriff finden Sie alle Einsatzgebiete, die in irgendeiner Weise im Zusammenhang mit dem Thema stehen. Beispielsweise stehen unter dem Oberbegriff „Autorität" sowohl Blüten für Hunde, die sich sehr autoritär gebärden, als auch für solche, die unter der Autorität anderer zu leiden haben. Unter dem Oberbegriff „Gleichgewicht/ Balance" finden Sie Blütenessenzen für Hunde, die Probleme mit der Koordination ihres Körpers haben, wie auch für Hunde, die ihre mentale Balance verloren oder noch nicht gefunden haben. Das Thema „Stress" fasst Essenzen zusammen, die bei übermäßiger Stressbelastung hilfreich sind, aber auch Blüten, die Hunden gut tun, die sich selbst und ihre Umgebung durch ihr Verhalten oder ihre Art stressen.

Last but not least: Zur besseren Orientierung für Sie haben wir die Themenbereiche alphabetisch geordnet und die Herkunft der Essenzen farblich wie folgt gekennzeichnet:

rote Blütennamen = Bach-Blüten
orange Blütennamen = Kalifornische Essenzen
grüne Blütennamen = Blütenessenzen aus aller Welt
violette Blütennamen = Kombinationen Australischer Bushblüten
blaue Schrift = Homöopathika

Angriffslust

Essenz	Indikation
Beech	Das Tier zeigt eine etwas abgeschwächte Form der Angriffslust aus Intoleranz heraus. Heftigere Reaktionen benötigen zusätzlich Holly [sinnvolle Ergänzung ggf. **Lycopodium** oder **Natrium muriaticum**]
Holly	Der Hund zeigt eifersüchtige Aggressivität – in etwas massiverer Form als Beech [Ergänzung ggf. **Hyoscyamus**].
Red Chestnut	Der Hund hat einen ausgeprägten Beschützerinstinkt.
Vine	Für ehrgeizige, sehr dominante Hundetypen, deren Verhalten tyrannische Züge trägt.
Larkspur	Dieser Hund weist alle anderen pedantisch in ihre Schranken.
Shooting Star	Das Tier reagiert bei Stress vollkommen hysterisch und verliert den Boden unter den Füßen.
Snapdragon	Der Hund zeigt beißende Abwehr aus einem großen Misstrauen heraus.
Star Thistle	Bei Futterneid, Besitzgier und dem Gefühl, immer zu kurz zu kommen.
Tiger Lily	Für Rüden mit „Macho-Mentalität“. Sie zeigen oft eine sehr rüpelhafte Streitsucht.
Trillium	Wenn Vine nicht wirkt, ist Trillium die richtige Blütenessenz.
Yellow Star Tulip	Für Hunde, denen jedes Mitgefühl vollkommen abgeht. Sie sind oft unsensibel und meist krasse Egoisten.
Mountain Devil	Das Tier kann nicht mit Wut, Ärger, Eifersucht und Misstrauen umgehen.

Angstzustände/ Panikattacken

Essenz	Indikation
Aspen	Hilft Hunden, die unter generellen, unbestimmten, diffusen Ängsten leiden (im Gegensatz zu Mimulus) [ggf. Ergänzung **Nux vomica** oder **Stramonium**].
Cerato	Bei Ängstlichkeit aus einer inneren Unsicherheit heraus. Das Tier kann außerdem meist nur sehr schlecht allein bleiben.
Cherry Plum	Eine leichte Panik-Blüte. Das Tier zeigt häufiger Überreaktionen auf Grund großer innerer Anspannung. Diese können entweder überängstlich oder sehr aggressiv ausfallen [mögliche Ergänzung **Phosphorus**].
Gentian	Der Hund reagiert auf Grund eines sehr ausgeprägten Misstrauens vor allem Neuem mit Ängstlichkeit.
Larch	Wird eingesetzt bei Ängstlichkeit aus mangelndem Selbstvertrauen heraus, die zudem oft an Fluchttendenzen gekoppelt ist.
Mimulus	Hilft Hunden mit bestimmten bzw. bestimmbaren Ängsten (im Gegensatz zu Aspen).
Pine	Bei Angst und völliger Mutlosigkeit. Diese Tiere sind oft „ideale Mobbingopfer" für Artgenossen.
Red Chestnut	Für Tiere, die sehr viel Angst um andere zeigen (die klassische „Übermutter") und aus dieser Sorge heraus einen ausgeprägten Schutztrieb entwickeln können.
Rock Rose	Für Hunde mit unkontrollierbaren Panikattacken und der Tendenz zu „Ausrastern". Rock Rose wirkt stärker als Cherry Plum [ggf. Ergänzung **Tarantula**].
Angelica	Wenn neue Situationen auf das Tier bedrohlich wirken und ihm Furcht einflößen.
Arnica	Die Blüte gegen Schocks oder Traumata, besonders wenn sie mit großen Schmerzen einhergehen.
Chamomile	Für Hunde, denen jede Angst sofort auf den Magen schlägt.
Chaparral	Die „Traumessenz" wird nach tiefen seelischen Verwundungen oder gewalttätigen Erlebnissen, die auch schon länger zurückliegen können, eingesetzt. Auch bei Hunden, die ab und zu unter Albträumen leiden, ist diese Essenz ideal.
Dogwood	Diese Blüte bearbeitet ebenfalls alte Traumata. Sie wirkt gut bei Hunden, die eine gewisse Neigung zur Selbstzerstörung zeigen oder sich immer wieder verletzen.
Echinacea	Die Essenz des Sonnenhuts baut den Selbstschutz nach einem schweren Trauma wieder auf und stärkt das Immunsystem.

Angstzustände/ Panikattacken (Fortsetzung)

Essenz	Indikation
Garlic	Knoblauchessenz wird gern bei nervösen Ängsten, Schwäche und erhöhter Infektanfälligkeit eingesetzt [ggf. sinnvolle Ergänzung **Engystol**].
Oregon Grape	Für Hunde, die Furcht vor den Feindseligkeiten anderer haben und damit schon fast zu Paranoia tendieren.
Red Clover	Wird bei Gruppenhysterie und in extremen emotionalen Notsituationen gegeben.
Saint John's Wort	Für Hunde, die Angst vor Feuer, Sonne und Lichtblitzen zeigen und/ oder zu Unterwürfigkeitsharnen neigen.
Sticky Monkeyflower	Für Hunde, die Angst vor Nähe, Intimität, Sexualität zu haben scheinen.
Sweet Pea	Für Tiere, die auf Grund schlechter Erfahrungen Angst vor sozialer Bindung entwickelt haben.
Flannel Flower	Das Tier hat Angst vor körperlicher Nähe und/ oder vor Berührungen [evtl. ergänzt durch **Aconitum**]. Nicht verwechseln mit der Unnahbarkeit aus Stolz heraus (Water Violet)!
Ginkgobaum	Das Tier ist aus Angst vor Neuem oder vor Veränderungen regelrecht blockiert.
Victoria Regia	Der Hund ist generell übervorsichtig. Eine gute Blütenessenz auch bei erkennbarer Angst vor dem Tod.
Abund Essence	Das Leben des Hundes wird bestimmt von Hoffnungslosigkeit und Zukunftsängsten. Auch seine Verlustängste sind entsprechend hoch.
Transition Essence	Der Hund leidet unter großer Angst vor allem Unbekannten, weswegen er neuen Erfahrungen grundsätzlich ablehnend gegenübersteht. Manchmal scheint ihn sogar Todesangst zu packen.
Travel Essence	Der Hund hat Angst vor dem Autofahren und wird schnell reisekrank. Oft reagiert er auf die geringste Stressbelastung mit Orientierungslosigkeit und Erschöpfungszuständen.

Apathie/ Resignation/ Schwäche

Essenz	Indikation
Clematis	Der Hund zeigt Teilnahmslosigkeit und Desinteresse an allem.
Elm	Für überforderte Tiere, auch zur Vorbeugung vor Überforderung.
Gorse	Bei Resignation und Kraftlosigkeit.
Hornbeam	Bei Müdigkeit und Schwäche, Hornbeam ist die leichteste Blüte dieser Gruppe.
Oak	Wenn der Hund sich aus purem Pflichtbewusstsein überarbeitet.
Olive	Für erschöpfte, kraftlose Tiere und nach psychischer und/ oder physischer Anstrengung.
Rescue Remedy	Dr. Bachs Notfallessenz wirkt kreislaufstabilisierend.
Sweet Chestnut	Bei innerer Ausweglosigkeit, Desinteresse und für Hunde an der Grenze ihrer Belastbarkeit.
Wild Rose	Die intensivste Blüte in dieser Kategorie, angezeigt bei absoluter Apathie und totaler Resignation.
Cayenne	Das Tier ist phlegmatisch, antriebslos und neigt zur Stagnation im Lernprozess.
Echinacea	Für Hunde mit schwachem Immunsystem. Echinacea wirkt stärker als Garlic.
Morning Glory	Bei mangelnder Vitalität und Wachheit.
Rosemary	Hilft bei geistiger Trägheit und sorgt für Klarheit im Denken und eine gute Konzentrationsfähigkeit.
Sunflower	Für Hunde, die oft den „Kopf hängen lassen“, und bei mangelnder Vitalität und Erdung.
Penstemon	Für Tiere, die in extremen Situationen „selbstmordgefährdet“ sind.
Tansy	Für die ewige Schlafmütze. Tansy wirkt stärker als Hornbeam.
Tachinaste	Der Hund kann sich nur schlecht von alten Verhaltensmustern lösen. Er wirkt sehr häufig blockiert.

Autorität

Essenz	Indikation
Centaury	Das Tier ist abhängig von der Autorität anderer und verhält sich generell zu unterwürfig.
Chicory	Dieser Hund ist besitzergreifend, fordernd und egozentrisch. Er macht durch Aufmerksamkeit heischendes Verhalten auf sich aufmerksam und kann einen übertriebenen Schutztrieb entwickeln. Dieses Bild ist oft bei Kleinhunden anzutreffen, die ihre gesamte menschliche Familie im Griff haben.
Vine	Der Hund ist rücksichtslos dominant bis hin zur Tyrannei.
Water Violet	Das Tier wirkt autoritär, überlegen, stolz, ist dabei aber immer auf eine gewisse Distanz bedacht.
Goldenrod	Für den klassischen Mitläufertyp, der schon mal (besonders in der Pubertät) Negativaufmerksamkeit sucht.
Larkspur	Der Hund ist sehr ehrgeizig und unnachgiebig. Larkspur fördert Gleichmut und Nachsicht.
Mariposa Lily	Eine hilfreiche Blüte bei gestörter Mutter-Kind-Beziehung.
Milkweed	Der Hund zeigt eine extrem starke Abhängigkeit von einer Autoritätsperson und ist emotional vollkommen unreif.
Saguaro	Das Tier lehnt sich prinzipiell gegen jegliche Autorität auf.
Sunflower	Die Sonnenblume unterstützt die Entwicklung wahrer Führungsqualitäten, hilft aber auch gut bei „Halsstarrigkeit".
Trillium	Für Tiere, die absolut despotisch und machtbesessen sind. Trillium wirkt stärker als Vine.
Adol Essence	Bei typisch pubertärer Aufmüpfigkeit, Mangel an Einfühlungsvermögen, dem Gefühl nicht dazuzugehören und nicht fair behandelt zu werden.
Woman Essence	Die Hündin ist plötzlich bestrebt, die Rangordnung oder ihr Ansehen bei Geschlechtsgenossinnen innerhalb ihres sozialen Umfeldes zu ihren Gunsten zu verändern.

Blockaden/ eingefahrene Verhaltensmuster

Essenz	Indikation
Beech	Das Tier ist sehr intolerant und möchte mit Artgenossen nichts zu tun haben.
Chestnut Bud	Der Hund wiederholt immer dieselben Fehler.
Gentian	Das Tier kann negative Erfahrungen nicht verarbeiten.
Gorse	Das Tier wirkt resigniert und hoffnungslos. Oftmals hat es auch eine sehr verzögerte Wundheilung.
Honeysuckle	Der Hund hängt in der Vergangenheit fest.
Hornbeam	Das Tier kann nach Unfall oder Krankheit keinen normalen Rhythmus mehr aufnehmen.
Red Chestnut	Der Hund ist überfürsorglich und kann nicht loslassen.
Rock Water	Das Tier hat extrem eingefahrene Gewohnheiten und verfügt über eine enorme Selbstdisziplin.
Water Violet	Der Hund wirkt unnahbar und lebt sehr einzelgängerisch.
White Chestnut	Das Tier ist innerlich blockiert, kann sich nicht entspannen; meidet Orte mit negativer Erinnerung.
Wild Oat	Der „Blockadebrecher“, wenn Therapien bisher nicht oder nur bedingt anschlugen.
Willow	Der Hund scheint momentan oder generell eine negative Einstellung zum Leben zu haben.
Arnica	Das Basismittel bei Therapieblockaden.
Cayenne	Gegen Stagnationstendenzen aller Art.
Indian Pink	Der Hund blockiert bei größerer Ablenkung und schaltet dann geistig ab.
Mallow	Das Tier hat eine gestörte Kontaktfähigkeit und kann deswegen nicht auf andere zugehen.
Mariposa Lily	Für die Hündin, die keine Beziehung zu ihrem Wurf herstellen kann oder für Ammentiere.
Oregon Grape	Für den geborenen Pessimisten.
Pink Yarrow	Das Tier kann sich nicht abschotten gegenüber äußeren Einflüssen, ist dann schnell reizüberflutet.
Saguaro	Dieser Typ rebelliert grundsätzlich gegen Autoritäten.
Sweet Pea	Das Tier hat große Schwierigkeiten, sich auf Nähe und Bindung einzulassen.
Tiger Lily	Gegen notorische Streitsucht (besonders bei Rüden).
Trillium	Der Hund scheint besessen von Machtgelüsten.
Bauhinia	Das Tier empfindet grundsätzlich Widerwillen gegen Veränderung.
Flannel Flower	Der Hund leidet unter absoluter Berührungsangst.

Blockaden/ eingefahrene Verhaltensmuster (Fortsetzung)

Essenz	Indikation
Ginkgobaum	Hilft Hunden, vorhandene Blockaden zu lösen und sich vertrauensvoll auf bisher Unbekanntes einzulassen.
Staudenfeuerkraut	Löst alte Blockaden besonders im Energiefluss (und bei Narbengewebe).
Tachinaste	Für den Durchbruch; zur endgültigen Ablösung von alten Verhaltensmustern.

Gesundheit und Wohlbefinden (Blütenessenzen sind lediglich eine Zusatztherapie und ersetzen nicht den Gang zum Tierarzt!)

Essenz	Indikation
Beech	Bei Allergien.
Chicory	Bei Stoffwechsel- und Lebererkrankungen.
Crab Apple	Zur Reinigung, Entgiftung, bei Parasiten und Zahnstein.
Holly	Gegen Fieberschübe, Koliken, Asthmaanfälle.
Honeysuckle	Für schlecht heilende Wunden, bei Narbenbildung.
Rock Rose	Bei Kreislaufversagen, Sonnenstich, Hitzschlag, Schock.
Rock Water	Gegen Muskel- und Eingeweideverkrampfungen.
Wild Rose	Zur Unterstützung der Rekonvaleszenz.
Arnica	Bei Schmerzen und schlecht heilenden Wunden.
Borage	Gegen flache Atmung, Bronchitis, Asthma.
Chamomile	Bei Sodbrennen, Magenbeschwerden.
Dandelion	Zur Unterstützung von Massagen und Körperarbeit.
Dogwood	Gegen Koordinationsstörungen und mangelndes Körperbewusstsein.
Echinacea	Stärkt das Immunsystem.
Garlic	Gegen erhöhte Infektanfälligkeit.
Lavender	Bei psychosomatischen Störungen und Schlafschwierigkeiten.
Penstemon	Bei Behinderungen und/ oder einschränkenden Krankheiten.
Saint John's Wort	Stärkt den Hautschutzmantel.
Self Heal	Stimuliert die Selbstheilungskräfte des Körpers.
Sunflower	Gegen Nackenprobleme und Verspannungen.
Yarrow	Bei Wetterfühligkeit und Neigung zu Allergien.
Yerba Santa	Gegen das Gefühl der Einengung des Brustraumes, bei Asthma.

Gesundheit und Wohlbefinden (Fortsetzung)

Essenz	Indikation
Bärlauch	Zur Entschlackung; bei Darmpilzen, Übersäuerung und gegen Frühjahrsmüdigkeit.
Flannel Flower	Bei hochgradiger Berührungsempfindlichkeit.
Gänsedistel	Gegen Höhenangst. Zur Beschleunigung der Rekonvaleszenz. Gegen See- und Reisekrankheit.
Immergrün	Bei Schlaflosigkeit.
Staudenfeuerkraut	Als Umschlag auf großflächigen Narben oder Verbrennungen.
Wilde Möhre	Gegen Sehschwäche oder gereizte Augen.

Gleichgewicht/ Balance

Essenz	Indikation
Impatiens	Das Tier ist ungeduldig und unbeherrscht mit der Neigung zu überschießenden Reaktionen [ggf. Ergänzung **Hyoscyamus**].
Scleranthus	Der Hund wirkt oft launisch, sein Befinden wechselt ständig, und er hat deutliche Stimmungsschwankungen.
Dogwood	Das Tier bewegt sich tollpatschig, unsicher und unkoordiniert.
Fuchsia	Der Hund ist äußerst unausgewogen in seinem Gefühlsausdruck.
Lotus	Eine Essenz, die Harmonie, Balance, Klarheit und Stärke fördert und deshalb auch zur Abrundung einer Blütenmischung eingesetzt werden kann, da sie alle Ebenen miteinander verbindet.
Quaking Grass	Das Tier schwankt ständig zwischen Dominanz und Unterwerfung.
Shooting Star	Der Hund verliert oft (im wahrsten Sinne des Wortes) den Boden unter den Füßen und reagiert hysterisch.
Sunflower	Diese Essenz fördert die Erdung und den Energiefluss.
Trumpet Vine	Der Hund zeigt häufiger vollkommen inadäquate Verhaltensweisen.
Birne	Hilft Tieren, die ständige Zweifel quälen und die eine große innere Zerrissenheit spiegeln.
Ginkgobaum	Wirkt in angespannten Situationen ausgleichend und regulierend.
Relationship Essence	Die Australische Kombinationsessenz für eine harmonische Kontaktaufnahme mit neuen Sozialpartnern.
Woman Essence	Die Hündin ist großen Gemütsschwankungen unterworfen – von himmelhoch jauchzend bis zu Tode betrübt. Diese spezielle Australische Kombinationsessenz harmonisiert und stabilisiert dieses Gefühlschaos, das oft durch die Hormonveränderungen im weiblichen Zyklus hervorgerufen wird.

Konzentrationsschwäche/ Ungelehrigkeit

Essenz	Indikation
Chestnut Bud	Der Hund macht immer wieder die gleichen Fehler.
Clematis	Für den unkonzentrierten „Tagträumer".
Scleranthus	Das Tier wirkt launisch, hat wenig Ausdauer und eine fehlende innere Balance.
Vervain	Der Hund ist meist hektisch und überaktiv. Er langweilt sich außerdem sehr schnell.
White Chestnut	Das Tier wirkt ständig unkonzentriert, weil es kaum zur Ruhe kommt. Außerdem blockiert es immer wieder oder stagniert im Lernfortschritt.
Blackberry	Der Hund ist schnell verwirrt und müde, hat generell kein Durchhaltevermögen.
Corn	Das Tier verliert in Stresssituationen sehr schnell den Überblick.
Dill	Das Tier reagiert bei Reizüberflutung und besonders auf Lärm, ist schnell gestresst.
Madia	Das Tier ist wirklich ständig unkonzentriert, müde und besonders leicht ablenkbar.
Peppermint	Hilft bei allgemeiner Konzentrationsschwäche.
Rabbitbrush	Der Hund wirkt wie ein „zerstreuter Professor". Nur ein relativ begrenzter Horizont ist von diesem Typus überhaupt wahrnehmbar.
Rosemary	Ein Tier, das Rosemary braucht, ist wahrlich kein „Blitzmerker". Seine geistige Trägheit steht ihm beim Lernen im Wege.
Shasta Daisy	Der Hund flüchtet sich aus Angst, etwas falsch zu machen, in geistige Abwesenheit und zeigt keinerlei Kreativität im Lernprozess.
Tansy	Das Tier zeigt kaum Neugierverhalten, lässt sich für nichts richtig begeistern und wirkt faul, lethargisch und träge. Diese Blütenessenz wirkt stärker als Hornbeam.
Abund Essence	Dieser Hund tut sich mit dem Lernen sehr schwer, weil er sehr pessimistisch eingestellt ist und immer Angst hat, etwas zu verlieren oder nicht genug zu bekommen.

Launenhaftigkeit

Essenz	Indikation
Wild Oat	Der Hund ist generell unzufrieden, gelangweilt, ohne Ausdauer.
Willow	Dieser Typ ist oft schlecht gelaunt und nörglerisch [evtl. ergänzt durch **Staphisagria**].
Gentian	Für Hunde, die Neuem mit Scheu, Misstrauen und Negativempfindungen gegenübertreten.
Impatiens	Das Tier ist gereizt, ungeduldig und sehr intolerant [evtl. sinnvoll ergänzt durch **Phosphor Homaccord**].
Scleranthus	Die Unentschlossenheit des Tieres führt zu Konflikten mit der Umwelt.
California Poppy	Der Hund will ständig unterhalten werden und kann sich nicht selbst beschäftigen.
Indian Paintbrush	Der Hund ist sehr leicht frustriert und hat wenig Ausdauer.
Quaking Grass	Das Tier kann sich schlecht in Gruppen integrieren, weil es ständig zwischen Dominanz und Unterwerfung schwankt [evtl. sinnvoll ergänzt durch **Ignatia**].
Woman Essence	Die Hündin ist großen Gemütsschwankungen unterworfen – von himmelhoch jauchzend bis zu Tode betrübt. Diese spezielle Australische Kombinationsessenz harmonisiert und stabilisiert dieses Gefühlschaos, das oft durch die Hormonschwankungen im weiblichen Zyklus hervorgerufen wird.

Lernen

Essenz	Indikation
Cerato	Diese Essenz hilft zu lernen, sich selbst mehr zu vertrauen, besonders wenn man sehr unsicher und zögerlich ist.
Chestnut Bud	Durch mangelnde Konzentrationsfähigkeit kommt es zu ständigen Fehlerwiederholungen.
Vervain	Das Tier soll lernen, mit den eigenen Kräften besser hauszuhalten.
Walnut	Diese Essenz hilft zu lernen, mit neuen Lebenssituationen adäquat umzugehen.
Corn	Für mehr Handlungsfähigkeit in Stresssituationen.
Dill	Fördert die Verarbeitung von Erfahrungen in Situationen, die ungewohnt oder reizüberflutet sind.
Indian Pink	Erhöht die Leistungsfähigkeit unter chaotischen Bedingungen.
Madia	Das Tier ist sehr unkonzentriert und leicht ablenkbar. Außerdem ermüdet es sehr schnell.
Mariposa Lily	Die Mutterhündin oder eine Amme soll lernen, mit der Mutterrolle klarzukommen.
Oregon Grape	Das Tier soll lernen, dass nicht alles und jeder von vornherein schlecht sein muss.
Peppermint	Unterstützt Vitalität und Aufnahmefähigkeit.
Rosemary	Für verbesserte geistige Fitness. Rosemary erhöht überdies die Merkfähigkeit.
Shasta Daisy	Gute Essenz bei mangelnder Kreativität und wenn das Tier ständig in Sorge zu sein scheint.
Mountain Devil	Der Hund soll lernen, mit Gefühlen wie Wut, Hass, Misstrauen und Ärger angemessen umzugehen.
Cognis Essence	Die Australische Kombinationsessenz verbindet kognitive und intuitive Prozesse und unterstützt damit jeden Lernvorgang.

Mutlosigkeit/ Unsicherheit

Essenz	Indikation
Agrimony	Der Hund ist konfliktscheu und traut sich nicht, seine Gefühle zu zeigen.
Pine	Der Hund ist mutlos und zeigt zögerliches Verhalten. Oft macht er den Eindruck, als hätte er Schuldgefühle.
Larch	Ein Tier, welches von Larch profitiert, hat generell wenig Selbstvertrauen.
Centaury	Das Tier ist extrem unterwürfig und willensschwach.
Cerato	Der Hund gehorcht aus Unsicherheit jedem und scheint überhaupt nicht zu wissen, wohin er gehört.
Buttercup	Ein Hund dieses Typs zeigt seine mangelnde Selbstsicherheit durch eine meist geduckte Körperhaltung.
Dogwood	Der Hund zeigt Unsicherheiten im Bewegungsablauf und wirkt wenig ausbalanciert.
Indian Pink	Das Tier hat generell eine unsichere Koordination und wirkt besonders in aufregenden Situationen sehr chaotisch.
Milkweed	Der Hund zeigt starke Abhängigkeit und emotionale Unreife.
Pink Monkeyflower	Der Hund scheint oft Schuld- oder Schamgefühle zu empfinden. Eine gute Blüte zur Aufarbeitung früherer traumatischer Erlebnisse.
Saint John's Wort	Wenn der Hund aus Angst heraus mit Unsauberkeit reagiert.
Shasta Daisy	Das Tier traut sich nichts zu oder macht lieber nichts, bevor es etwas falsch machen könnte.
Sweet Pea	Für den Außenseitertyp, besonders nach Entwurzelung aus sozialem Umfeld.
Yarrow	Das Tier fühlt sich vor allem in größeren Gruppen schnell ausgeliefert und bedrängt.
Confidence Essence	Die Persönlichkeit des Tieres ist nur mangelhaft entwickelt, es ist schüchtern, unsicher und hat Angst im Umgang mit anderen. Seine niedrige Selbstachtung macht es immer wieder zum Opfer von Mobbingaktionen.

Negativgefühle/ -einstellung

Essenz	Indikation
Gentian	Der Hund ist grundsätzlich sehr misstrauisch und kann an Neuem nichts Gutes finden.
Willow	Das Tier ist oft schlecht gelaunt und hat keine Lust auf gar nichts.
Wild Oat	Der Hund wirkt wie die wandelnde Unzufriedenheit [ggf. Ergänzung **Platinum metallicum**].
Mallow	Das Tier hat eine gestörte Kontaktfähigkeit, ist immer sehr schüchtern und zurückhaltend.
Oregon Grape	Der Hund empfindet Furcht, Misstrauen und Feindseligkeit gegenüber der gesamten Welt.
Pink Yarrow	Für den „emotionalen Schwamm" unter den Hunden.
Penstemon	Bei einschränkenden Krankheiten oder Behinderungen, die die Lebenslust rauben.
Bauhinia	Das Tier empfindet offenbar Widerwillen und Ablehnung gegenüber allen neuen Situationen.
Gänseblümchen	Hilfreich bei allen Integrations- und Abnabelungsprozessen, um Vertrauen entwickeln zu können.
Immergrün	Bei großer nervlicher Anspannung, Schlaflosigkeit oder beispielsweise im Prüfungsstress.
Abund Essence	Dieser Hund ist sehr pessimistisch eingestellt und hat immer Angst, etwas zu verlieren oder nicht genug zu bekommen. Er ist innerlich hoffnungslos, verzweifelt und manchmal regelrecht verbittert.
Confidence Essence	Der Hund hat kein gutes Selbstwertgefühl, ist übermäßig schüchtern und hat Angst im Umgang mit anderen, egal ob Mensch oder Tier. Diese Australische Kombinationsessenz erlaubt das Loslösen von einem negativen Selbstbild.

Protest

Essenz	Indikation
Beech	Der Hund reagiert intolerant auf Artgenossen und zeigt eine meist aggressive Ablehnung.
Chicory	Dieser Hund möchte unbedingt geliebt werden. Bekommt er nicht, was er will, zeigt er Ersatzhandlungen oder verteidigt seinen Besitz.
Vine	Der „kleine Tyrann" reagiert meist sehr heftig, wenn er seinen Willen nicht durchsetzen kann.
Holly	Der Hund neigt zu großer Eifersucht und reagiert aus Protest überaggressiv.
Fuchsia	Für den „Hypochonder", einen Hund, der zum Dramatisieren neigt. Fuchsia wirkt stärker als Chicory.
Goldenrod	Das Tier sucht Negativaufmerksamkeit, weil ihm die innere Stabilität fehlt. Dieses Blütenbild zeigt sich oft in der Pubertät.
Saguaro	Für den Revoluzzer, der sich grundsätzlich nicht integrieren kann.
Saint John's Wort	Hier wird Unsauberkeit aus Angst heraus gezeigt.
Tiger Lily	Der Hund legt richtiges Macho-Gehabe an den Tag.
Yellow Star Tulip	Dieser Typ lebt nach dem Motto: „Es kann nur einen geben" und verhält sich dementsprechend sehr egoistisch.
Mountain Devil	Die Blütenessenz für den „Mobbing-Täter."

Essenz	Indikation
Gorse	Bewahrt davor, sich selbst aufzugeben.
Rescue Remedy	Schützt vor drohender Ohnmacht und Kontrollverlust.
Rock Rose	Bietet Schutz bei Todesängsten und schweren Panikattacken.
Sweet Chestnut	Schützt vor absoluter Entmutigung und tiefer „Seelennacht".
Walnut	Schützt vor äußeren Einflüssen, die nicht den eigenen Wünschen entsprechen und vor dem Gefühl der Hilflosigkeit in veränderter Situation oder Umgebung.
Angelica	Bietet Schutz vor dem Gefühl, ganz allein und hilflos zu sein.
Bleeding Heart	Schützt vor zu großer Abhängigkeit, emotionalen Verlustängsten und hilft bei der Trauerarbeit.
Chamomile	Hilft, aufgewühlte, verwirrte Emotionen zu beruhigen.
Chaparral	Schützt vor Albträumen (siehe auch Saint John's Wort).
Corn	Bietet Schutz vor drohender Reizüberflutung.
Oregon Grape	Schützt vor paranoiden Denkmustern.
Pink Yarrow	Bietet Schutz vor emotionaler Verwundbarkeit.
Red Clover	Bewahrt vor Gruppenpanik und Hysterie.
Saint John's Wort	Schützt vor Albträumen (ebenso wie Chaparral) und darüber hinaus vor übermäßiger Angst bei Blitz und Feuer.
Yarrow	Bietet Schutz vor Strahlung und schädlichen Umwelteinflüssen.
Birne	Bewahrt vor ständigen Zweifeln und innerer Zerrissenheit.
Adol Essence	Hilft in Zeiten des Umbruchs und hormonell bedingter Veränderung.
Emergency Essence	Hilft, in akuten Notsituationen den Überblick zu behalten.
Travel Essence	Bewahrt vor Reisekrankheit und Orientierungslosigkeit auf Grund von Reizüberflutung.

Essenz	Indikation
Agrimony	Das Tier kann sich nur mangelhaft ausdrücken (was teilweise zuchtbedingt ist). Es ist generell sehr konfliktscheu und verbirgt seine echten Gefühle vor anderen.
Aspen	Der Hund ist generell furchtsam und kann nur schlecht allein bleiben.
Beech	Der Hund hat Kontaktschwierigkeiten zu Artgenossen, weil er sehr intolerant ist.
Centaury	Dieser Hund will um jeden Preis gefallen.
Cerato	Das Tier zeigte eine große Abhängigkeit von seiner Bezugsperson, hat ansonsten aber ein eher schlechtes Sozialverhalten.
Chicory	Dieser Hund ist besitzergreifend, fordernd und egozentrisch. Er macht durch Aufmerksamkeit heischendes Verhalten auf sich aufmerksam und kann einen übertriebenen Schutztrieb entwickeln.
Elm	Bei vorübergehender Verunsicherung zum Beispiel durch Besitzerwechsel, Hundepension.
Heather	Der Hund will permanent im Mittelpunkt stehen, ist aber eigentlich wenig beziehungsfähig.
Larch	Dieser Hund hat oft Schwierigkeiten im Umgang mit Artgenossen, weil er unter mangelndem Selbstvertrauen leidet.
Pine	Das Tier ist sehr unterwürfig und extrem selbstkritisch. Dadurch wird es schnell zum typischen Mobbingopfer.
Red Chestnut	Das Tier ist überfürsorglich gegenüber anderen und kann teilweise einen extremen Beschützerinstinkt entwickeln.
Vervain	Der Hund neigt dazu, andere mit seiner enormen Energie zu überfordern.
Vine	Dieses Tier ist nicht nur fordernd und bestimmend, es neigt zudem dazu, herrschsüchtig bis zur Tyrannei zu sein.
Water Violet	Dieser Typ ist extrem zurückhaltend, wirkt unnahbar und scheint sich selbst zu genügen.
Wild Oat	Das Tier hat außer am sexuellen Kontakt kein weiteres Interesse an Artgenossen.
Willow	Der Hund ist oft mürrisch und äußerst nachtragend. Er scheint daran zu zweifeln, geliebt zu werden.
Bleeding Heart	Ein Tier dieses Typs ist emotional sehr abhängig, es klammert extrem und kann nur schlecht allein bleiben.
California Poppy	Der Hund kann sich überhaupt nicht selbst beschäftigen.
Cosmos	Diese Blütenessenz unterstützt generell die Kommunikationsfähigkeit. Besonders bewährt hat sie sich für den Erstkontakt.
Fuchsia	Ist die Blüte der Wahl, wenn Chicory nicht wirkt.
Goldenrod	Die so genannte Pubertäts-Blüte hilft Hunden mit wenig Selbstvertrauen, die nur in einer Gemeinschaft stark sind.

Essenz	Indikation
Larkspur	Der Larkspur-Hund ist hart zu sich und anderen. Er kann auch äußerst pedantisch sein.
Mallow	Das Tier ist in seiner Kontaktfähigkeit beeinträchtigt, weil es zu schüchtern und unsicher ist und sich nichts zutraut.
Mariposa Lily	Unterstützt die Mutter-Kind-Beziehung. Diese Blüte setzen wir gerne für Ammentiere ein.
Milkweed	Dieser Hund zeigt eine extreme Abhängigkeit und emotionale Unreife.
Pink Monkeyflower	Das Tier versteckt seine wahren Gefühle. Pink Monkeyflower setzen wir auch ein, wenn Agrimony nicht wirkt.
Pink Yarrow	Das Tier empfängt und spiegelt Emotionen aus seiner Umgebung sehr ausgeprägt.
Quaking Grass	Bei Schwierigkeiten, sich in eine Gruppe zu integrieren.
Red Clover	Der Hund lässt sich von Gruppenhysterie sofort anstecken und verliert dann vollkommen die Kontrolle über sich und seine eigenen Gefühle.
Saguaro	Dieser Typ lehnt sich prinzipiell gegen jegliche Autorität auf.
Snapdragon	Der Hund ist eher ein Einzelgänger, weil er äußerst misstrauisch und zudem leicht reizbar ist.
Star Thistle	Das Tier will bzw. kann nicht teilen.
Sticky Monkeyflower	Wenn es Probleme beim Deckakt gibt.
Sweet Pea	Für den Außenseiter mit Schwierigkeiten, sich auf Nähe und Bindung einzulassen.
Tiger Lily	Bei offenkundiger „Macho-Mentalität".
Trillium	Dieser Hund ist extrem despotisch. Trillium kann man einsetzen, wenn Vine nicht wirkt
Trumpet Vine	Das Tier findet nie das richtige Maß in einer Beziehung.
Yarrow	Der Hund fühlt sich ausgeliefert und bedrängt in Menschenmassen oder unter vielen Artgenossen (Hundeplatz, Festivitäten, Stadtbummel).
Yellow Star Tulip	Das Tier wirkt unsensibel und völlig selbstbezogen.
Gänseblümchen	Sehr hilfreiche Blütenessenz bei allen Integrations- oder Abnabelungsprozessen.
Adol Essence	Diese Australische Kombinationsessenz hilft bei Problemen mit der Eingliederung in einen Sozialverband, wie sie typischerweise in der Pubertät vorkommen. Der Hund ist plötzlich aufmüpfig, lotet beständig seine Grenzen aus, ist schnell frustrierbar und/oder hat plötzlich unerklärliche Ängstlichkeiten.
Relationship Essence	Auch diese Australische Kombinationsessenz hilft bei Schwierigkeiten mit der Abnabelung von oder der Eingliederung in einen bestehenden Sozialverband, sowie bei der Aufarbeitung von Missverständnissen, der Neigung zu Intoleranz und bei Unverständnis anderen gegenüber.

Essenz	Indikation
Cherry Plum	Bei diesem Tier kommt es durch eine latente innere Anspannung häufiger zu unbeherrschten Gefühlsausbrüchen.
Elm	Gut geeignet als vorbeugende Maßnahme, wenn eine größere Belastung ansteht.
Impatiens	Das Tier steht ständig unter einer gewissen Anspannung, Ungeduld oder Gereiztheit.
Olive	Die so genannte Regenerations-Blüte hilft besonders nach Überanstrengung, Krankheit und stressigen Situationen.
Rock Rose	Beste Blütenessenz bei akuten körperlichen oder seelischen Notfällen. Rock Rose ist die klassische Schock-Blüte.
Scleranthus	Das Tier ist sprunghaft und unausgeglichen.
Rescue Remedy	Dr. Bachs einzige vorgefertigte Mischung aus fünf Einzelblüten. Hervorragend einsetzbar in psychischen und/ oder physischen Notsituationen.
Star of Bethlehem	Bei Tieren angezeigt, die ein unverarbeitetes Trauma mit sich herumtragen oder bei akuter seelischer Erschütterung.
Sweet Chestnut	Für Hunde an der Grenze ihrer Belastbarkeit.
Vervain	Dieser Typus stresst sich selbst und seine Umwelt durch ständige Überaktivität.
White Chestnut	Das Tier ist nicht in der Lage, sich zu entspannen, und wirkt zudem oft blockiert.
Wild Oat	Der Hund scheint mit sich selbst und der Umwelt unzufrieden und hat oft einen übersteigerten Sexualtrieb.
Chamomile	Dieses Tier ist unruhig und ungemein leicht reizbar. Aufregung schlägt ihm sofort auf den Magen.
Corn	Diese Essenz hilft allen, die sich in größeren Gruppen sehr leicht überfordert fühlen.
Dill	Eine Blütenessenz, die bei Reizüberflutung, Lärmempfindlichkeit und Überforderung angezeigt ist.
Lavender	Gegen nervliche Überreizung, Schlaflosigkeit und psychosomatische Beschwerden.
Manzanita	Hilft generell, Stress abzumildern, ist aber besonders gut einsetzbar vor einschneidenden Veränderungen.
Oregon Grape	Das Tier erlebt seine Umwelt generell als unsicher und Furcht einflößend.
Shooting Star	Das Tier ist sehr unsicher mit der starken Tendenz zu hysterischen Ausrastern.
Sweet Pea	Für Tiere, die eine Entwurzelung aus ihrem gewohnten sozialen Umfeld durchmachen müssen oder mussten.

Stress (Fortsetzung)

Essenz	Indikation
Yarrow	Eine allgemeine Schutzessenz, die das „innere Licht" stärkt. Sie sollte deshalb möglichst vor potentiell stressbelasteten Situationen verabreicht werden.
Gänsedistel	Für Kraft, Stärke und Durchhaltevermögen.
Immergrün	Für Nervenstärke bei Hektik und dem Gefühl von Überforderung.
Emergency Essence	Die australischen Notfalltropfen helfen gegen mentale und körperliche Stressbelastung.
Woman Essence	Die Hündin ist großen Gemütsschwankungen unterworfen – von himmelhoch jauchzend bis zu Tode betrübt –, was sie selbst und ihre Umgebung stresst. Außerdem neigt sie dazu, Geschlechtsgenossinnen massiv in ihre Schranken zu weisen. Diese spezielle Australische Kombinationsessenz harmonisiert und stabilisiert dieses Gefühlschaos, das oft durch die Hormonschwankungen im weiblichen Zyklus hervorgerufen wird.

Traurigkeit

Essenz	Indikation
Clematis	Das Tier steht tagträumerisch rum, wirkt desinteressiert.
Honeysuckle	Der Hund trauert vergangenen Zeiten hinterher und kann auch unter Heimweh leiden.
Mustard	Das Tier wechselt zwischen Traurigkeit und Frohsinn, die Traurigkeit steht aber im Vordergrund.
Bleeding Heart	Wenn der Hund den Verlust eines Sozialpartners zu verkraften hat.
Pink Yarrow	Der Hund spiegelt die jeweiligen Stimmungen seiner Umgebung.
Yerba Santa	Bei Trauer, Melancholie und wenn das Tier einengende Gefühle nicht loslassen kann.
Dynamis Essence	Der Hund ist kraftlos, müde und sichtlich erschöpft. Diese Australische Kombinationsessenz wirkt gegen den vorübergehenden Verlust von Enthusiasmus und Energie.
Woman Essence	Die Hündin ist großen Gemütsschwankungen unterworfen, von himmelhoch jauchzend bis zu Tode betrübt. Diese Australische Kombinationsessenz harmonisiert und stabilisiert dieses Gefühlschaos, das oft durch die Hormonschwankungen im weiblichen Zyklus hervorgerufen wird.

Überanhänglichkeit

Essenz	Indikation
Chicory	Für das bedürftige „Muttertier" (im Gegensatz zu Heather). Der Hund neigt zu Ersatzhandlungen wie übertriebenem Schutzverhalten.
Heather	Die Blüte für das bedürftige Kleinkind (oft bei Schoßhunden angezeigt). Dieser Typ bellt, bedrängt und buhlt um Aufmerksamkeit.
Bleeding Heart	Bei absoluter Unselbstständigkeit gekoppelt mit Verlustängsten.
Goldenrod	Der Hund ist ein steter Mitläufer, ihm fehlt es generell an Stabilität, und er zeigt oft übertrieben rüpelhaftes Benehmen (Pubertäts-Blüte) [ggf. Ergänzung **Kalium phosphoricum**].
Milkweed	Bei extremer Abhängigkeit aus emotionaler Unreife. Milkweed wirkt stärker als Heather.

Übermäßig brave Symptomatik

Essenz	Indikation
Centaury	Dieser Hund ist so brav, weil er keinen eigenen Willen hat [Ergänzung ggf. **Pulsatilla**].
Cerato	Das Tier gehorcht aus Unsicherheit heraus jedem [Ergänzung ggf. **Pulsatilla**].
Pine	Dieser Hund ist absolut mutlos und traut sich nichts zu [Ergänzung ggf. **Pulsatilla**].
Rock Water	Dieser Typus unterdrückt sich selbst und ist sehr diszipliniert.
Borage	Der Hund hat keine Energie und wenig Lebensmut. Oft zeigt er auch eine irgendwie beeinträchtigte Atmung (Asthma, Bronchitis, Allergien).
Buttercup	Für den „Duckmäuser", der eher schleicht als geht.
Mallow	Der Hund ist schüchtern und sehr zurückhaltend, von sich aus baut er keinen Kontakt zu anderen auf.
Milkweed	Das Tier ist so unselbstständig, dass es einem ständig am Rockzipfel hängt.
Shasta Daisy	Dieser Hund macht lieber nichts, bevor er etwas falsch macht.

Übertreibung

Essenz	Indikation
Agrimony	Das Tier zeigt nicht seine wahren Gefühle, sondern eine aufgesetzte Fröhlichkeit.
Cherry Plum	Der Hund kann vollkommen unerwartet explodieren oder panikartig flüchten.
Impatiens	Das Tier wirkt ungeduldig und gereizt.
Vervain	Das Tier lässt sich sehr schnell für etwas begeistern und zeigt dann enormen Übereifer und/ oder Verbissenheit [evtl. Ergänzung **Lycopodium**].
White Chestnut	Der Hund ist unausgeglichen und wirkt innerlich blockiert.
Chamomile	Das Tier ist oft launisch, gereizt, unruhig und eigentlich ständig in Bewegung. Stress schlägt ihm schnell auf den Magen [ggf. sinnvolle Ergänzung **Nux vomica**].
Dandelion	Durch übertriebenen Ehrgeiz kommt es zu starken Muskelverspannungen und großer Unruhe.
Lavender	Gegen nervliche Überreizung, psychosomatische Störungen, Schlafschwierigkeiten, Rastlosigkeit und Stress.
Red Clover	Bei Gruppenhysterie und Problemen durch ungewollte Stimmungsübertragung.
Trillium	Das Tier ist extrem machthungrig und will sich mit allen Mitteln durchsetzen [ggf. Ergänzung **Aurum**].
Birne	Der Hund scheint immer im Zweifel zu sein und wirkt irgendwie innerlich zerrissen.
Black Eyed Susan	Das Tier ist sehr hektisch und extrem ungeduldig.
Woman Essence	Die Hündin neigt manchmal zu „Zickenterror" gegenüber Geschlechtsgenossinnen. Diese spezielle Australische Kombinationsessenz harmonisiert und stabilisiert das Gefühlschaos, das oft durch die Hormonschwankungen im weiblichen Zyklus hervorgerufen wird.

Achtung: Bei Vervain-, Impatiens-, Black-Eyed-Susan- und White-Chestnut-Symptomatik sollten Sie vorsichtshalber auch die Schilddrüsenfunktion (besonders die TSH- und T4-Werte) Ihres Tieres bei einem guten Veterinär abchecken lassen!

Unnahbarkeit

Essenz	Indikation
Rock Water	Das Tier unterdrückt die eigenen Wünsche und wirkt dadurch stolz und unnahbar.
Water Violet	Für Hunde, die extrem zurückhaltend sind und dabei überlegen wirken. Ihr Stolz führt sie oft in die soziale Isolation.
Cosmos	Hilft bei Kommunikationsschwierigkeiten zwischen Individuen.
Larkspur	Für den Pedant und „Kleinlichkeitskrämer". Unnachsichtig ahndet er Verfehlungen wie beispielsweise eine um ein paar Minuten verspätete Fütterung.
Mallow	Dieses Tier kann sich anderen gegenüber schlecht öffnen. Ihm fehlt es an sozialer Wärme.
Sweet Pea	Für Außenseiter mit Schwierigkeiten, sich auf Nähe und Bindung einzulassen (evtl. aus schlechter Erfahrung heraus).
Flannel Flower	Der Hund hat große Berührungsängste und flüchtet vor jedem noch so leichten Körperkontakt.

Fälle aus der Praxis

In diesem Abschnitt des Buches haben wir ein paar Fallbeispiele aus unseren Praxen zusammengestellt. Alle tierischen Patienten erhielten nach einer gründlichen Beratung eine ganz speziell auf ihr Problem und ihr individuelles Anamneseergebnis zugeschnittene Blütenmischung zur Unterstützung eines ganzheitlichen Therapiekonzeptes. Manchmal schien es uns sogar angezeigt, zuvor eine tierärztliche Untersuchung anzuregen, um abklären zu lassen, ob ein eventuelles medizinisches Problem als Ursache oder Begünstigung der störenden Verhaltensänderung sicher ausgeschlossen werden kann – oder, falls nicht, eine schulmedizinische Behandlung eingeleitet werden konnte, wenn dies nötig war.

In den meisten Fällen waren die Blütenessenzen nur ein (wenn auch aus unserer Sicht sehr wichtiger) Teil der gesamten Behandlungsstrategie. Oftmals wurde parallel mit Elementen aus der TTEAM®-Arbeit, dem Clickertraining, der systematischen Desensibilisierung, der Verhaltensmodifikation, der Gewöhnung, der Kommunikationsverbesserung, der Strukturveränderung, der Motivationslehre und/ oder den passenden Gehorsamsübungen gearbeitet – ganzheitlich eben...

Sicherlich genauso wichtig für den Erfolg einer Blütentherapie ist die konsequente Mitarbeit der Hundehalter in Bezug auf eine disziplinierte Dosierung und regelmäßige Verabreichung der Tropfen, einer aufmerksamen Überwachung des Therapieverlaufs und die zuverlässige und konsequente Durchführung der jeweils besprochenen Übungseinheiten zur Verbesserung des Problemverhaltens.

Die hier aufgeführten Fallgeschichten sind keinesfalls als ultimative Empfehlungen zu verstehen. Auch wenn Ihr Tier, lieber Leser, ein identisches Problem wie in einem der Beispiele zu haben scheint, ist nicht unbedingt die dort erfolgreich angewandte Blütenmischung auch die optimal wirksame für Ihren Hund. Ein und dasselbe Problemverhalten kann ungeheuer viele Facetten haben und setzt sich beispielsweise aus dem jeweiligen Temperamentstypus, den individuellen Vorerfahrungen, den rassespezifischen Eigenheiten, dem biologischen Alter, dem aktuellen Gesundheitszustand und etlichen weiteren Faktoren zusammen. All diese Details müssen in der Wahl der passenden Blütenmittel ebenfalls Berücksichtigung finden, um die bestmöglichen Erfolgschancen zu bieten...

Chico, Beagle-Mischling, 3 ½ Jahre

Nachdem in der Silvesternacht direkt neben ihm ein Knaller explodiert war, hatte Chico Angst vor lauten Geräuschen. Diese Ängstlichkeit nahm bis Therapiebeginn, sechs Monate später, permanent zu und übertrug sich im Laufe der Zeit auch auf andere Geräuschkulissen und Situationen: die Zischgeräusche von Heißluftballons beispielsweise oder auch die Geräusche fremder erwachsener Personen und vorbeifahrender LKWs ängstigten ihn dermaßen, dass immer öfter auch ein Um-sich-Schnappen folgte. Sein Verhalten steigerte sich nach und nach immer mehr zu dem eines klassischen Angstbeißers, und er kam zu allem Überfluss auch noch zunehmend schlechter mit seinen Artgenossen zurecht, von denen er wegen seiner offensichtlichen Unsicherheit nun öfters „gemobbt" wurde...

Folgende Blüten halfen ihm:

Cherry Plum	Wegen seiner permanenten inneren Anspannung.
Gentian	Um mehr Sicherheit zu gewinnen.
Larch	Um sein Selbstvertrauen zu stärken.
Mimulus	Wegen seiner Ängstlichkeit vor Lkws, Heißluftballons und Knallgeräuschen.
Rock Rose	Damit er seine akuten Angstzustände besser meistern kann.
Snapdragon	Gegen sein generelles Misstrauen und die beißende Abweisung.

Nach fünf Wochen Desensibilisierungs- und Distanztraining war das unkontrollierte Angstbeißen völlig verschwunden. Chico geht nun auch mit seinen Artgenossen wieder freier um. Wenn stressige Situationen vorhersagbar sind, bekommt er zusätzlich noch zwei Tropfen Rescue. Die Gabe von Notfalltropfen zusätzlich unmittelbar nach einem aufregenden Erlebnis hat sich ebenfalls sehr gut bewährt.

In eine neu bestimmte Mischung wurden nun noch Aspen (um unerkannte Ängstlichkeiten zu löschen) und Cerato (um Selbstvertrauen zu gewinnen) über mehrere Wochen gegeben.

Rocky, Yorkshire Terrier, 3 Jahre

Damit Rocky sich nicht langweilen sollte, bekam er, nachdem sein Frauchen wieder arbeiten ging, eine kleine Katze als Spielgefährten(!). Statt sich darüber zu freuen, jagte er sie jedoch vehement auf den Kratzbaum und passte auf, dass sie sich von dort ja nicht fortbewegte...

Inzwischen hatte die Katze panische Angst vor Rocky – aus verständlichem Grund – und war auch sonst völlig verschüchtert, weshalb sie ebenfalls mit Blütenessenzen behandelt wurde.

Rocky erhielt folgende Blüten:

Aspen	Wegen seiner inneren Anspannung.
Cherry Plum	Gegen seine unkontrollierten Temperamentsausbrüche.
Chicory	Um zu lernen, besser mit sich und der neuen Situation umgehen zu können.
Heather	Damit er lernt, nicht nur sich, sondern auch andere zu sehen und zu akzeptieren.
Holly	Gegen seine Eifersucht und das Misstrauen.
Scleranthus	Wegen seiner sprunghaft wechselnden Stimmung.
Wild Oat	Um mehr innere Ruhe zu gewinnen.

Bei der Katze waren es:

Mimulus	Gegen die Angst vor Rocky.
Star of Bethlehem	Wegen des erlittenen Schocks.
Walnut	Wegen der neuen Lebenssituation, zum Eingewöhnen.
Dandelion	Weil das Tier aus Angst sehr verspannt war.
Lavender	Zur Beruhigung.

Quaking Grass (zur Förderung der Gruppenharmonie) wurde zusätzlich in einer Wasserschale zur freien Verfügung angeboten.

Außerdem wurde ein neues Trainingsprogramm mit verschiedenen Alternativbeschäftigungen für den Hund entwickelt, so dass dieser besser ausgelastet und generell zufriedener wurde, denn das gezeigte Verhalten der Katze gegenüber war in diesem Fall keine aggressive Handlung, sondern lediglich Rockys Art, das Nichtstun zu bekämpfen.

Die Katze bekam zusätzliche Rettungsinseln in luftiger Höhe, indem wir ihr die dritte Ebene der Räume zur Verfügung stellten. Durch geschickt angebrachte, umlaufende schmale und breitere Regalböden konnte sie sich bald durch die ganze Wohnung bewegen, ohne jemals in die Nähe des Fußbodens und damit hinab zu Rocky steigen zu müssen.

Bereits nach drei Wochen hatten sich die beiden Tiere so weit aneinander gewöhnt, dass die Halterin die Behandlung beendete. Aus unserer Sicht war diese Gewöhnung allerdings lediglich eine Art Burgfrieden und kein wirklich entspanntes Verhältnis zwischen Hund und Katze.

In ähnlich gelagerten Fällen der gewünschten Annäherung artfremder (und sich ursprünglich eher unsympathischer) Hausgenossen hat die notwendige Unterstützung durch wechselnde Blütenessenzen auch schon mal bis zu neun Monaten gedauert. Dann ging das Zusammenleben aber meist deutlich über eine gegenseitige Duldung hinaus.

Natürlich kann man einem Hund auch über Erziehung und Gehorsamkeitstraining beibringen, dass die Hauskatze (das Meerschweinchen, der Hase oder jedwedes andere Getier) unter allen Umständen in Ruhe gelassen werden soll, auch wenn es flüchtet oder gerade „seine wilden fünf Minuten" hat. Wir sind allerdings absolut dagegen, dies aus Zeitgründen oder „der Einfachheit halber" mit Strafreizen und Zwangsmaßnahmen zu erreichen. Offensichtliches Meideverhalten und eingetrichterte Triebblockaden haben aus unserer Sicht in einem harmonischen Familienleben nichts zu suchen.

Konrad, Collie, 2 Jahre

Konrad wirkte allgemein ängstlich, unruhig und nervös. Konkret hatte er Angst, über Brücken zu gehen. Hohe Häuser oder enge Gassen wirkten auf ihn bedrohlich. Kamen seine Besitzer nach Hause, erbrach er sich vor Aufregung.

Neben einem Homöopathikum zur Beruhigung des Magen-Darm-Traktes (für zwei Wochen) erhielt Konrad folgende Blüten:

Aspen	Gegen die Ängstlichkeit aus nicht ersichtlichen Gründen.
Cerato	Für mehr Selbstvertrauen.
Gentian	Wegen seines zweifelnden, skeptischen Verhaltens und der sichtbaren Unsicherheit.
Mimulus	Gegen seine Angst vor ganz bestimmten Dingen.
White Chestnut	Um innerlich Ruhe zu finden.
Chamomile	Gegen die emotionale Verspannung in der Magengegend.
Gänsedistel	Gegen seine Höhenangst.

Schon nach Gabe der ersten Flasche strahlte der Hund mehr Ruhe aus. Er sprang zum Beispiel nicht mehr sofort auf, wenn seine Leute den Raum verließen. Nach der dritten Flasche ging er sogar ohne Probleme über wackelige Brücken; erbrochen hat er sich ebenfalls nicht mehr (jedenfalls nicht vor Aufregung).

Die Behandlung dauerte insgesamt 4 ½ Monate bis zur völligen Genesung. Natürlich kamen, wie meistens in unserer täglichen Praxis, begleitend auch andere Therapieformen zwecks rascher Problemlösung zum Zuge. In Konrads Fall waren die schrittweisen Desensibilisierungen gegen Klaustrophobie, Höhen- und Verlassensängste und einige wichtige Elemente aus der TTEAM®-Arbeit am Erfolg beteiligt. Diese konnten aber teilweise überhaupt erst nach Einnahme der ersten Blütenmischung eingesetzt werden.

Konrad mit „Sommerfrisur“

Merlin, Australian Shepherd, 4 Jahre

Merlin ist ein sehr stressanfälliger Hund aus einer extrem reizarmen Aufzucht. Veränderungen in seinem täglichen Umfeld verunsichern ihn enorm, er wird dann sehr unruhig, beginnt zu kläffen und steigert dies bis zur Hysterie.

Die letzten Ferien waren daher weder für Mensch noch Tier auch nur annähernd erholsam. Aus dieser schlechten Erfahrung heraus begannen wir beim nächsten Mal eine Woche vor der geplanten Fahrt in den Urlaub mit der regelmäßigen Eingabe der folgenden Blütenmischung:

Bauhinia	Um die Offenheit gegenüber neuen Situationen zu fördern.
Dill	Um ihn vor Reizüberflutung zu schützen und die Verarbeitung des Erlebten zu erleichtern.
Elm	Bei vorübergehender Verunsicherung, ungewohnter Belastung.
Lavender	Gegen nervliche Überreizung, Unruhe, Schlafschwierigkeiten.
Immergrün	Für mehr Nervenstärke, bei Hektik und dem Gefühl von Überforderung.
Manzanita	Gegen den Stress, bei einschneidenden Veränderungen.
Ginkgobaum	Wirkt in angespannten Situationen ausgleichend und regulierend. Gegen seine Angst vor Neuerung und Veränderung.

Damit war der Urlaub für die gesamte Familie buchstäblich gerettet. Der Inhalt des Fläschchens war zwei Tage nach der Heimkehr aufgebraucht, und wir beendeten die Einnahme bis zum nächsten planbaren Stressereignis.

Mit Unterstützung der Blütenessenzen gelingt es Merlin und seiner Familie seitdem immer, potentiell nervenaufreibende Situationen, wie beispielsweise auch Seminarwochenenden, Turniere oder Feriengäste, die einige Tage bleiben, ruhig und gelassen zu meistern.

Woodstock, Collie-Windhund-Mischling, 15 Jahre

Als es so weit war, dass ich meinen Liebling im Alter von fast sechzehn Jahren gehen lassen musste, halfen uns die Blüten

Walnut	Weil ein Lebensabschnitt endet und eine Wandlung bevorsteht.
Victoria Regia	Gegen die Angst vor dem Unbekannten und vor dem Tod.
Bleeding Heart	Gegen Verlustängste, um loslassen zu können.
Angelica	In bedrohlich wirkender Situation, für Geborgenheit.
Rescue	Um die beängstigende Situation abzumildern.

den Abschied friedvoll und würdig einzuleiten.

Alle Familienmitglieder, ob zwei- oder vierbeinig, nahmen diese Mischung freiwillig und relativ oft innerhalb von zwölf Stunden ein, so dass wir gut auf den letzten Akt vorbereitet waren, als der Tierarzt dann kam.

Woodstock ist am 05.03.2003 innerhalb von Sekundenbruchteilen nach der Spritze ohne Angst oder Gegenwehr ganz entspannt in meinen Armen eingeschlafen.

Ich denke an ihn mit großer Liebe und Dankbarkeit…

Charly, American Stafford Terrier, 5 Monate

Charly bekam zu Beginn des Zahnwechsels große Probleme mit Kieferschmerzen und hatte zeitweise richtig geschwollene Backen. Er presste dann seinen Kopf gegen die Heizung, wimmerte stundenlang vor sich hin, kam dabei aber nicht zur Ruhe, war für nichts zu begeistern und mit keinem Spielchen von seinen Schmerzen abzulenken. Der um Rat befragte Tierarzt meinte nur lakonisch: „Da muss er durch."

Folgende Mischung half ihm innerhalb von einem Tag wieder auf die Beine:

Walnut	Weil ein neuer Lebensabschnitt beginnt.
Tachinaste	Für den Durchbruch (im wahrsten Sinne des Wortes).
Arnica	Gegen seine großen Schmerzen, beschleunigt die Heilung.
Holly	Wegen der besonderen Heftigkeit seines Schmerzes.
Lavender	Zur generellen Beruhigung; für erholsamen Schlaf.
Sweet Chestnut	Beschleunigt generell jeden Heilungsprozess.

Insgesamt bekam Charly diese Kombination über einen Zeitraum von ca. drei Wochen. Auffällig war, dass er bereits am zweiten Tag nicht mehr wie bisher die Wärme des Heizkörpers aufsuchte, sondern stattdessen mit Wonne begann, auf den extra für ihn tiefgekühlten Spielsachen und Stöcken herumzukauen.

Der weitere Zahnwechsel verlief problemlos und war bereits mit fünf Monaten abgeschlossen.

Leila, Border Collie, 3 Jahre

Leila zeigte Aggressionsverhalten bei Begegnungen mit Männern, die Hüte oder Baseball Caps trugen. Außerdem verbellte sie an der Leine vehement Artgenossen, so dass Frauchen sich kaum noch zutraute, sie frei laufen zu lassen, und sie ist – collietypisch – sehr geräuschempfindlich. Ab September 2005 bekam sie zur Unterstützung des Trainings eine Blütenmischung aus folgenden Komponenten:

Dill	Weil sie schnell reizüberflutet ist und damit sie das Erlebte besser verarbeiten kann.
Ginkgobaum	Wirkt in angespannten Situationen ausgleichend und regulierend. Gegen ihre Angst vor Neuerung und Veränderung.
Mimulus	Gegen ihre Angst vor Männern mit Kopfbedeckungen.
Beech	Wegen ihrer Intoleranz gegenüber Artgenossen.
Mallow	Da sie vom Typ her schüchtern und zurückhaltend ist.
Oregon Grape	Weil sie die Welt als unsicher und Furcht erregend erlebt.
Corn	Für mehr Handlungsfähigkeit in Stresssituationen.

Rescue Remedy, die Notfalltropfen, wurden individuell je nach Situation und Bedarf zusätzlich gegeben.
Drei Wochen später war Leila schon wesentlich aufgeschlossener und kontaktfreudiger. Dafür ließen ihre Konzentrationsfähigkeit, ihre Koordination und ihre Kreativität im

Training etwas zu wünschen übrig. Deswegen wurde die Mischung angepasst. Dogwood und Shasta Daisy ersetzten in der zweiten Anwendungsflasche Mallow und Oregon Grape.

Besitzerbericht:

„Mitte Dezember hatten wir das Gefühl, dass Leila auch ohne Blüten auskommen könnte. Da die Tropfen sich sowieso dem Ende zuneigten, gab ich ihr dreimal täglich, jedoch weniger. Ende Dezember waren die Tropfen dann fast alle. Jedoch schon nach drei bis vier Tagen konnten wir bei Leila wieder ein Verhalten beobachten, welches wir schon lange nicht mehr erlebten. Sie war wie „unter Strom" und reagierte sehr schreckhaft, so dass sie bei jeder kleinsten schnellen Bewegung sogar uns anbellte. Wir beschlossen noch am Abend, dass wir ihr die Blüten wieder geben (einen kleinen Rest hatten wir ja noch). Und tatsächlich fand Leila sehr schnell wieder zu ihrer alten Ruhe zurück, und sogar das Silvesterfest lief stressfreier als die Jahre zuvor. Wir verbrauchten noch eine weitere Flasche der Blütenmischung und versuchten dann Anfang Februar nochmals, die Blüten abzusetzen. Und diesmal hat es prima geklappt!"

Ronja, DSH-Rottweiler-Mischling, 7 Jahre

Ronja lebt mit ihrem Frauchen und deren Mutter auf einem großen, recht einsam gelegenen Grundstück. Sie hat im Laufe der Zeit die Aufgabe übernommen, alles, was dort kreucht und fleucht, zu bewachen und zu beschützen. In Abwesenheit ihrer Besitzerin wird sie unruhig und hektisch.

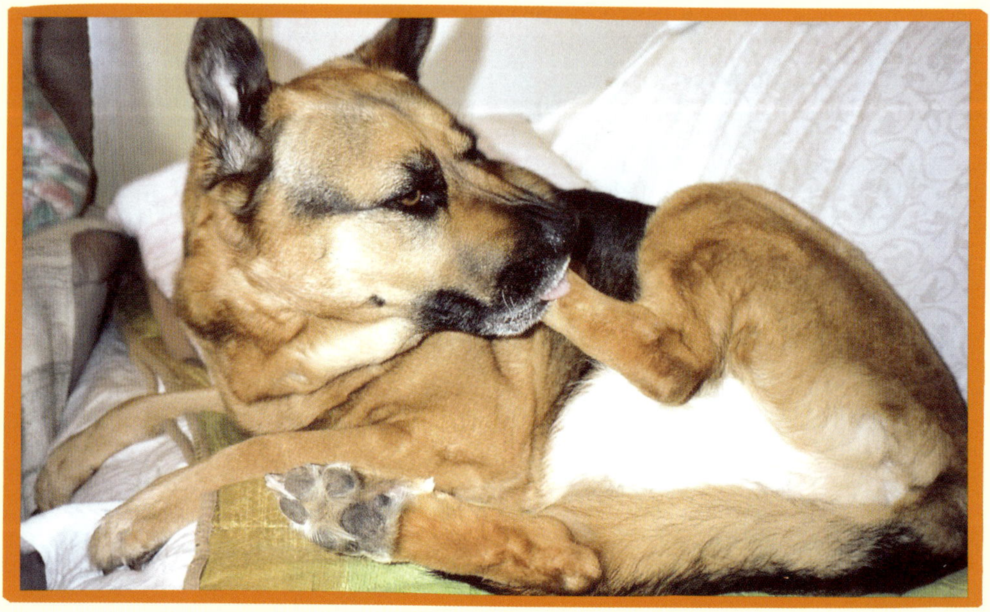

Beim Wiedersehen flippt sie jedes Mal regelrecht aus. Änderungen in ihrem gewohnten Tagesrhythmus schlagen Ronja schnell auf die Gesundheit. Sie hat immer wiederkehrende Ohrentzündungen, Hautprobleme, Allergien (Hausstaub, Gräser und Futtermilben) und Verdauungsbeschwerden. Seit dem plötzlichen Tod eines „ihrer" Kätzchen vor einigen Monaten benagt und beleckt Ronja, sobald sie zur Ruhe kommt, ihre eigenen Pfoten, bis diese bluten.

Weder helfen verschiedene tierärztliche Behandlungen (unter anderem Cortison- und Antibiotikasalben, Pheromone zur Beruhigung) auf Dauer, noch kann das Tragen von Verbänden und Schutzschuhen die Hündin davon abhalten, die Wunden immer wieder zu öffnen, besonders dann, wenn sie gestresst ist.

Folgende Blütenmischung bekam Ronja über einen Zeitraum von zweieinhalb Wochen:

Agrimony	Gegen das Belecken der Pfoten, bei Neigung zu Hautirritationen.
Crab Apple	Um die Entgiftung nach den verschiedenen Behandlungen zu beschleunigen.
Red Chestnut	Weil sie überbeschützend und sehr bemutternd agiert.
Bleeding Heart	Um den Verlust des Kätzchens zu verarbeiten.
Dogwood	Für mehr Anmut und Sicherheit in der Bewegung, wegen nicht verarbeiteter Schocks.
Staudenfeuerkraut	Zur Verarbeitung traumatischer Erlebnisse.
Manzanita	Wegen ihrer extremen Stressanfälligkeit.

Danach hatten wir das Gefühl, dass der dramatische Verlust des Kätzchens gut verarbeitet worden war. Das Pfotenlecken reduzierte sich schon nach wenigen Tagen so, dass die wunden Ballen endlich heilen konnten. In dieser Zeit intensiverer Beobachtung (Protokollführung) fiel Ronjas Halterin auf, dass die Hündin immer dann hektisch und unruhig wurde, wenn sich etwas im Haushalt ihrer Kontrolle entzog. Geschlossene Türen waren für Ronja zum Beispiel ein echtes Problem. Nach dem Besuch von Gästen oder wenn Frauchen später als gewöhnlich nach Hause kam, fing sie auch wieder an, sich in die Pfoten zu beißen. Außerdem schläft Ronja generell „nur mit einem Auge“, um ja nichts zu verpassen.

In der zweiten Mischung ersetzten wir deshalb Bleeding Heart gegen Walnut (zukünftig neuer Lebensrhythmus, Veränderungen, Umlernen) und Staudenfeuerkraut gegen Lavender (bei psychosomatischen Störungen, nervösen Beschwerden und Schlafschwierigkeiten).

Nach Beendigung dieser Flasche konnten wir die Blütentherapie absetzen, da Ronjas selbstzerstörerisches Verhalten aufgehört hatte. Auch die Kontrollsucht hatte sich durch ein entsprechendes Training erheblich reduziert, indem sie lernte, eine aus einem Handtuch gewickelte Rolle ausdrücklich erlaubt zu bewachen. Ronja ist insgesamt ruhiger und schläft tief und erholsam. Sie bleibt jedoch weiterhin ein Hund, der sehr stressempfindlich reagiert und leicht wieder mal in alte Gewohnheiten zurückfallen kann. Allerdings ist sie jetzt bereits seit mehreren Monaten stabil.

Charlotte, Königspudel, 3 Jahre

Charlottes Besitzerin sorgte sich um ihre Pudelhündin, die für ihr junges Alter ungewöhnlich schlapp und wenig arbeitsfreudig war. Ursprünglich wurde Charlotte angeschafft, um mit ihr ausgiebig Sport (Agility, Dogdancing o. ä.) zu betreiben, was mit den beiden älteren Hundedamen, die bereits im Haushalt lebten, nicht mehr möglich war. Ein weiteres Problem war, dass die Harmonie im „Dreimädelhaus" etwas zu wünschen übrig ließ. Es kam zwar nie zu offenen Auseinandersetzungen, aber die Alten wiesen Charlotte entweder mit Blicken und Körpersignalen in ihre Schranken oder sie ignorierten die junge Hündin vollständig.

Charlotte bekam folgende Mischung:

Olive	Zur Beschleunigung der Regeneration.
Clematis	Weil Charlotte desinteressiert, passiv war und ein übertriebenes Schlafbedürfnis hatte.
Hornbeam	Gegen ihre Lustlosigkeit, Trägheit und mangelnde Spannkraft.
Morning Glory	Für mehr Interesse am Leben.
Shasta Daisy	Wegen ihrer fehlenden Kreativität im Training.
Tansy	Um den Durchbruch zu beschleunigen.
Mustard	Weil sie immer wieder periodisch auftretende Antriebsschwäche zeigte.

Eine Extra-Blütenmischung für alle Hunde wurde ihnen in einem separaten Wassernapf zur freien Verfügung angeboten:

Quaking Grass	Die Teamessenz, die die Eingliederung in eine bestehende Gemeinschaft fördert.
Cosmos	Die Kommunikations-Blüte, um die Kommunikationsfähigkeit in der Gruppe zu fördern.
Mallow	Die Freundschaftsessenz, um Ressentiments abzubauen.

Diese drei Blüten wurden zur Wirkungsbeschleunigung in der ersten Woche zusätzlich als „Raumspray" eingesetzt, indem sie über einen Pumpzerstäuber in der Zimmerluft verteilt oder über eine einfache Duftlampe vernebelt wurden.

Charlotte reagierte schnell deutlich munterer, aufgeschlossener und lernbereiter. Außerdem wuchsen die drei Hunde innerhalb von dreieinhalb Wochen zu einer gut funktionierenden Gemeinschaft zusammen. Eine Blutuntersuchung der Pudelhündin, die wir empfohlen hatten, ergab allerdings eine Borreliose-Infektion und eine behandlungswürdige Stoffwechselstörung. Beide Krankheitsbilder konnten aber dank frühzeitiger Diagnose erfolgreich therapiert werden.

Schröder, Berner Sennenhund-Rottweiler-Mischling, 4 Jahre

Der Rüde hatte nach einem Umzug in eine andere Stadt damit begonnen, sich vor klappernden Geräuschen (Fensterläden bei Wind, Türen schlagen) massiv zu ängstigen. Nachdem sein Frauchen wieder arbeiten gehen musste, steigerte sich diese Furcht eines Tages wegen eines Sommergewitters mit Sturmböen derartig, dass Schröder innerhalb kürzester Zeit nicht nur die Einrichtung innenarchitektonisch umgestaltete, sondern auch eine komplette Tür, die eigentlich verschlossen war, vollkommen demolierte.

Eine Zimmertüre vor und nach Schröders Umgestaltung.

Hilfe suchend wandte sich seine Halterin an mich, da wir in der Vergangenheit bereits erfolgreich miteinander gearbeitet hatten. Neben Vorschlägen für ein Desensibilisierungskonzept erhielt Schröder die folgende Blütenmischung:

Angelica	Weil es für das Tier Situationen gibt, in denen es sich bedroht und schutzlos ausgeliefert fühlt.
Lavender	Gegen Stress, Ruhelosigkeit, nervliche Überreizung.
Walnut	Zur Eingewöhnung in neue Situationen und ein neues Umfeld.
Ginkgobaum	Wirkt in angespannten Situationen ausgleichend und regulierend. Gegen seine Angst vor Neuerung und Veränderung.
Mimulus	Gegen die Angst vor bestimmten Dingen (hier die Wind- und Klappergeräusche).
Cherry Plum	Weil es durch innere Anspannung zu unbeherrschten Gefühlsausbrüchen kommt.
Shasta Daisy	Unterstützt jeden Lernvorgang; ermöglicht den Abbau von unnötigen Sorgen und Ängsten.

Rescue Remedy, die Notfalltropfen, sollten zusätzlich individuell je nach Situation und Bedarf verabreicht werden.

Besitzerbericht:

Hallo Martina,

Schröder hat mich ganz schön Nerven gekostet. Ich habe ihn jeden Tag mittags abgeholt zur Arbeit und jedes Mal (besonders am Montag) hatte ich so was von Angst, nach Hause zu kommen und meine Bude erneut ruiniert vorzufinden. Zum Glück ist das aber (noch?) nicht eingetreten. Habe ja auch vorgesorgt und die ganze Wohnung komplett abgeriegelt, dass einfach nichts klappern kann. Schröder war jedes Mal, wenn ich heimkam, total relaxt. Er hat sich gefreut, aber nicht erleichtert auf mich gestürzt.

Angefangen zu üben haben wir Sonntagabend. Im Moment übe ich erst mal noch mit einer Tür und so, dass er sieht, dass ich klappere; in dem Moment gibts leckeres Dosenfutter (Geheimwaffe). Den ersten Tag ist er sofort abgesaust, Ohren angelegt und ward nicht wieder gesehen (ging gar nicht). Rufen und jegliche Lockversuche wurden total ignoriert.

Tag 2 (kleines Erfolgserlebnis): Schröder ist zwar abgesaust, kam aber wieder, um sich die Leckerhappen schnell zu holen und dann gleich wieder zu verschwinden. Er war noch ganz schön aufgeregt (hecheln, hat nicht mehr auf irgendwas gehört).

Tag 3: Schröder ist nicht mehr abgesaust!!!!!!

Tag 4: RÜCKFALL (wie Tag 2)

Tag 5: Schröder ist nicht mehr weggelaufen, hat sogar auf Befehle wie Sitz gehört und war ziemlich relaxt, außer dass er ziemlich geiferig auf seine Superbelohnung war.

Seit Tag 5 juckt ihn zumindest diese Tür nicht mehr, wenn sie klappert (allerdings vorerst nur, wenn wir beide danebensitzen und er sieht, dass ich klappere). Steigerung folgt. Sowie alle

anderenTüren und Fenster. Bei der Balkontür habe ich auch schon angefangen. Da hat das Erfolgserlebnis auch nicht so lange auf sich warten lassen.
Wie ich das dann anstelle, wenn ich so weit bin, dass wir woanders sind, wenn's klappert, weiß ich noch nicht, vielleicht Seile spannen oder so. Werde schon eine Lösung finden. Auf jeden Fall läuft das alles ziemlich gut und schneller als ich dachte. Ufff. Außer, dass mir (bzw. er ist drangestubst) die offene Blütenmischung, während ich ihm grade seine Ration geben wollte, umgefallen ist. Jetzt ist sie nur noch ein bisschen weniger als halbvoll ... aber mal schauen, wie es weiterläuft.
So, lass es dir gut gehen. Grüße, Daniela

Ich war ziemlich beeindruckt von Danielas Engagement. Und natürlich schickte ich ihr sofort eine neue Flasche mit Blütenessenzen für Schröder zu...

Original-E-Mail zwei Wochen später:
Hallo Martina,
Danke schön! Heute war wieder ein Klapperer da (heimlich), und Schröder, obwohl er neugierig war, wieso es jetzt klappert, war doch eher auf lecker Sachen aus, und das einigermaßen entspannt. Später habe ich ihm seinen Klappererfreund gezeigt (siehste war doch nichts Schlimmes....) ;-) es klappt immer besser.
Bis bald und danke, Dani

Nach weiteren drei Wochen konnten wir die Blüten absetzen. Das Problem ist seitdem (auch dank entsprechender Managementmaßnahmen!) nicht wieder aufgetreten.

Lady, Deutscher Schäferhund, 4 Jahre

Die Hündin wurde aus einen Tierheim übernommen, von ihrer Vorgeschichte war nichts bekannt. Lady pflegte indes ihrem Namen wenig Ehre zu machen. Es war eine Katastrophe, mit ihr spazieren zu gehen. Offenbar kannte sie wenig von dem, was ein Hund kennen sollte, und war vollkommen überfordert, wenn ihr Menschen oder Hunde entgegenkamen. Manchmal schien sie in den Erdboden versinken zu wollen, und ein anderes Mal fing sie an zu toben und stand senkrecht in der Leine. Wegen dieser Unberechenbarkeit hatten ihre Besitzer es sich schon angewöhnt, zu den abenteuerlichsten Zeiten mit ihr hinauszugehen, damit sie möglichst wenige solcher Begegnungen ertragen mussten. Im Einzelunterricht fiel auf, dass Lady überhaupt nichts von sich aus tat, wenn sie nicht ausdrücklich dazu aufgefordert wurde. Neugierverhalten, selbstständige Erkundungen im Schulungsraum, Ansätze von Problemlösungsversuchen – alles Fehlanzeige! Außerdem schien sie immer nur das Schlimmste von allen zu erwarten und kränkelte immer wieder. Um sie für ein sinnvolles Training überhaupt aufnahmebereit zu bekommen, stellten wir folgende Blütenmischung zusammen:

1. Flasche (an ungeraden Kalendertagen)

Angelica	Weil sie sich in auch nur ansatzweise bedrohlich wirkenden Situationen schutzlos ausgeliefert fühlt.
Larch	Wegen des absolut mangelnden Selbstvertrauens.
Scleranthus	Bei häufigen Stimmungswechseln und fehlender innerer Balance.
Oregon Grape	Gegen Furcht, Misstrauen, Feindseligkeit; für soziales Vertrauen und korrekte Motivwahrnehmung.
California Poppy	Weil sie sich nicht selbstständig beschäftigen kann und zudem wenig kreativ ist.
Chestnut Bud	Die Lern-Blüte; fördert die Verarbeitung von Erfahrungen.

2. Flasche (an geraden Kalendertagen)

Aspen	Gegen ihre Tendenz zum Angstbeißen.
Immergrün	Hilft, bei Hektik den Überblick zu behalten.
Gentian	Weil sie generell übervorsichtig und misstrauisch ist.
Cherry Plum	Gegen ihre unbeherrschten, überschießenden Reaktionen.
Garlic	Gegen nervöse Ängste, stärkt die Immunabwehr.
Shasta Daisy	Um leichter neue Verhaltensweisen annehmen zu können; zur Steigerung der Kreativität und der Selbstständigkeit.

Nach neun Tagen schienen die abwechselnd gegebenen Mischungen dann langsam zu greifen. Von da an kamen wir im Training sehr gut voran. Sowohl beim Clickern als auch bei der schrittweisen Gewöhnung an andere Hunde, dem Aufbau von Vertrauen und Alternativtrainings war bei Lady nun endlich der Knoten geplatzt.

Lady (links): Noch nicht ganz entspannt im Umgang mit Artgenossen, aber auf einem guten Weg…

Gina, Berner Sennenhund, 3 Jahre

Besitzerbericht:

„Vor ca. 1,5 Jahren ging ich mit meinem Hund an einem stürmischen Herbsttag im Wald spazieren. Wir hörten in der Ferne mehrere Schüsse, und kurz darauf fiel uns ein riesiger Baum fast genau vor die Füße. Sie können sich vorstellen, wie erschrocken wir waren und wie froh, unverletzt nach Hause zu kommen.

Von da an wollte Gina jedoch nicht wieder vor die Tür. Sie stemmte sich mit ihrem ganzen Gewicht gegen jeden Versuch, sie nach draußen zu bringen. Alles Locken und Überlisten funktionierte überhaupt nicht, und ich wusste bald nicht mehr weiter.

Mein Tierarzt riet mir zur Gabe von Valium gegen die Angst und sagte, ich muss sie zwingen rauszugehen. Eine Heilpraktikerin gab mir Bach-Blüten mit (ich weiß nicht, welche genau), die aber auch nicht halfen.

Da es immer in einen Kampf ausartet, habe ich bald auch keine Lust mehr, mit Gina spazieren zu gehen. Hört sie in der Ferne irgendwelche Knallgeräusche, dann läuft sie ohne Leinensicherung vollkommen panisch auf und davon, auch über Straßen hinweg, was mich mehrmals einer Herzattacke ziemlich nahe brachte. An der Leine ist ihre Taktik dagegen: fest mit dem Boden verwurzeln und am ganzen Körper zitternd notfalls stundenlang so ausharren. Ich kann doch diesen großen Hund nicht spazieren tragen!“

So weit zur Vorgeschichte. Hund und Frauchen nahmen im Herbst 2005 an einem mehrtägigen Intensivtraining teil. Ginas individuelle Blütenmischung enthielt:

Chestnut Bud	Die Lern-Blüte; fördert die Verarbeitung von Erfahrungen.
Shasta Daisy	Um aus dem Kreislauf von ständiger Sorge und Panik herauszukommen; erleichtert das Annehmen von neuen Verhaltensweisen.
White Chestnut	Weil sie immer wieder bei den gleichen Situationen abblockte.
Angelica	Für bedrohlich wirkende Situationen, in denen sich das Tier schutzlos ausgeliefert fühlt.
Mimulus	Gegen ihre Angst vor bestimmten/ bestimmbaren Dingen.
Dill	Wegen ihrer erhöhten Geräuschempfindlichkeit und weil sie schnell reizüberflutet war.
Tachinaste	Um sich von alten Verhaltensmustern besser lösen zu können.

In der dritten Anwendungsflasche tauschten wir Tachinaste gegen Bauhinia. Die kopflose Panik hatten wir mittlerweile gut unter Kontrolle, und das Vertrauen zu ihrer Bezugsperson war deutlich gewachsen, jedoch trat bei Gina jetzt immer öfter ein Widerwille gegen neue Spazierwege oder Veränderungen im Trainingsalltag auf. Doch jetzt blockierte sie nicht mehr aus Angst, sondern weil sie teilweise in erlernten Verhaltensweisen festhing.

Besitzerbericht Januar 2006:
„Dank der Blütentherapie kann Gina jegliche ungewohnten oder unerwarteten Geräusche besser einordnen und verarbeiten, sie reagiert überhaupt nicht mehr hektisch, sondern recht souverän darauf. Bei Schussgeräuschen sucht sie heute meine Nähe anstatt wegzulaufen, was mich natürlich sehr freut und beruhigt. Allerdings verschlechterte sich dieses gute Ergebnis bisher jedes Mal umgehend, wenn wir versuchten, aus der Therapie auszusteigen. Dann verstärkt sich ihre Ängstlichkeit schon nach wenigen Tagen wieder deutlich…"

Deshalb bekommt Gina noch immer (Stand April 2006) ihre Blüten. Zuletzt wurde Bauhinia gegen Ginkgobaum ausgetauscht, das in angespannten Situationen ausgleichend und regulierend wirkt, um das gewünschte Verhalten weiterhin zu stabilisieren.

Kylie, Sibirian Husky, 4 Jahre

Die Hündin hatte auf Grund eines traumatischen Erlebnisses panische Angst vor Pferden, was deswegen ein Problem war, weil es in ihrem neuen Zuhause jede Menge Pferde gab. Aber auch neue Reize, wie beispielsweise eine andere Umgebung oder Spaziergänge, die länger als etwa zehn Minuten dauerten, brachten sie schnell aus der Fassung. Das ist gerade für einen Husky besonders ungewöhnlich, würde man doch normalerweise eher damit rechnen, dass sie entspannter wird, je länger der Spaziergang dauert. Ganz zu Beginn hat sie, laut ihrem Frauchen, während der Gassi-Runden vom Verlassen des Hauses bis zur Rückkehr permanent gebellt. Wenn es ihr reichte, begann Kylie mit wilden Bocksprüngen an der Leine, wobei sie in der Luft drehte und sich mit diesem Manöver öfter aus dem Geschirr gewunden hat, um dann kopflos wegzurennen. Nach einiger Zeit des Kennenlernens konnte man draußen schon am Druck auf der Leine merken, wann sie gestresst war, und rechtzeitig genug abbrechen.

Insgesamt war Kylie die meiste Zeit äußerst unruhig, schlief kaum und war zudem berührungsscheu. Manchmal jedoch stand sie minutenlang zitternd und hechelnd in einer Zimmerecke, ohne dass ein Grund für dieses Verhalten erkennbar war.
Wir begannen die Therapie mit folgenden Blüten:

1. Flasche (an ungeraden Kalendertagen)

Angelica	Weil sie sich oft schutzlos ausgeliefert fühlte und panisch wurde.
Chestnut Bud	Die Lern-Blüte, um sich neue Verhaltensweisen besser einprägen zu können.
White Chestnut	Um aus etablierten Verhaltensweisen Auswege finden zu können.
Blackberry	Hilft ihr beim Verarbeiten von Problemen.
Indian Pink	Gibt ihr mehr Gelassenheit und innere Balance.
Saint John's Wort	Johanniskraut hilft ihr, mehr Vertrauen in sich und andere aufzubauen.

2. Flasche (an geraden Kalendertagen)

Cherry Plum	Weil sie innere Anspannung oft durch überschießende Reaktionen abbaute.
Mimulus	Gegen ihre Angst vor Pferden.
Gentian	Zur Verarbeitung von Erfahrungen.
Lavender	Gegen ihre Schlafschwierigkeiten, für mehr Stressresistenz.
Aspen	Für tiefere Entspannung, mehr Gelassenheit und besseren Schlaf.
Oregon Grape	Gegen ihre permanenten Fehlinterpretationen.

Von Beginn an lechzte Kylie förmlich nach ihren Tropfen. Man konnte sie jederzeit aus der hintersten Ecke locken, indem man das Fläschchen einfach in die Hand nahm. Erwartungsfroh schleckte sie sich dann das Maul, als präsentiere man ihr die tollsten Leckerchen. Der Behandlungsfortschritt allerdings ging eher langsam voran, das Desensibilisierungstraining stockte ab und zu, es gab auch Rückfälle in alte, längst überwunden geglaubte Verhaltensweisen, und wir haben darum die Mischung einige Male an die jeweiligen Gegebenheiten anpassen müssen.

Kylie beim Pferdetraining

Auszug aus dem Besitzerbericht:
Das stärkste Erlebnis, was wir mit ihr in dieser Hinsicht hatten, war, als mir die Tropfen ausgingen. Sie hat sich innerhalb eines Tages so dramatisch verschlechtert, wollte überhaupt nicht mehr spazieren gehen, hat draußen total panisch reagiert, übersensibel auf alle Geräusche, hat beim Anblick von Pferden auf weite Distanz versucht, sich aus dem Geschirr rauszuwinden, so dass ich Angst bekam, sie läuft mir wieder weg. Ich musste so schnell wie möglich wieder mit ihr nach Hause fahren (zu der Zeit habe ich Kylie zum entspannten Gassigehen mit dem Auto immer etwas weiter weg in ein „100% pferdeloses Gebiet" gebracht). Zwei Tage später war die neue Lieferung Tropfen da, und innerhalb von weiteren zwei Tagen war sie wieder viel ausgeglichener, und wir konnten wieder normal spazieren gehen und auch das Training fortsetzen.

Und ich erinnere mich noch daran, dass wir zwischendrin mal Lavendel aus der Blütenmischung rausgenommen hatten, weil sich Kylies Schlafrhythmus eigentlich gut eingependelt hatte, und prompt verschlechterte sich das Ganze wieder.

Bis die positiven Veränderungen sich endlich stabilisiert hatten, hat es insgesamt schon viele Wochen gedauert. Zum Ende des Trainings haben wir deswegen die Tropfen auch vorsichtshalber ganz ganz langsam runterdosiert.

Heute ist sie ein ausgeglichener ruhiger und geduldiger Hund geworden, total verschmust, und wenn mal Stress aufkommt, kriegt sie sich halt sehr viel schneller wieder ein, das hat früher manchmal Tage gedauert.

PS: Kylie frisst übrigens für ihr Leben gerne Brombeeren, hatten wir die nicht auch mal in einer Mischung von den Blüten drin?

Remmy, Zwergpudel, 3 Jahre

Telefonischer Vorbericht:

Seit 2 ½ Jahren ist das Autofahren mit dem Pudel für seine Besitzer eine Tortur. Egal wie lang oder kurz die Strecke ist, der Kleine miepte, jammerte und zitterte während der ganzen Fahrt, obwohl er vor Fahrtantritt völlig freiwillig ins Auto sprang. Weder Trösten noch Ignorieren noch Schimpfen hat dieses nervige Verhalten bisher bessern können. Die Besitzer glauben, dass Remmy durch zwei kurz hintereinander durchgeführte Fahrten zum Tierarzt (Kastration und Augen-Operation) irgendwie traumatisiert wurde, und leiden nun jedes Mal mit ihrem armen Hund mit. Ein eigens engagierter Hundetrainer verabreichte neben Bach-Blüten auch ein starkes Sedativum gegen Remmys „Reiseangst" (welches man manchmal einsetzt, um Pferde zu transportieren, die sonst aus Angst den Hänger demolieren würden). Dieses Medikament ließ den Zwergpudel nach der ersten empfohlenen Dosis nur noch taumeln. Die geschockten Hundehalter stellten ihr Tier daraufhin beim Veterinär vor, der die Tabletten zum Glück sofort einzog. Die Bach-Blüten (ebenfalls eine „Angst-Mischung") blieben wirkungslos...

Zum Beratungstermin in der Praxis (nach 45-minütiger Anfahrt) erschienen denn auch Herrchen, Frauchen und Hund völlig außer sich. Bei den Menschen lagen die Nerven blank, und der Pudel stand während der nächsten drei Stunden die meiste Zeit jodelnd und winselnd auf den Hinterbeinen und wedelte mit den Vorderpfoten. Während des Gesprächs mit den Haltern und der Beobachtungsphase kristallisierte sich heraus, dass Remmy alles mögliche (sehr aufgeregt, gestresst, unruhig, tendenziell hyperaktiv, fordernd...), bloß nicht ängstlich war. Im Gegenteil, der Kleine hatte seine Menschen voll im Griff, bekam er doch immer gerade dann ihre uneingeschränkte Aufmerksamkeit, wenn er es mal wieder besonders bunt trieb. Diese ungewollte Bestärkung musste in Zukunft natürlich unterbleiben. Ansonsten zeigte er sich während des gesamten Aufenthaltes hier im Allgemeinen recht aufgeschlossen, jedoch ein wenig distanziert gegenüber Berührungen, sein Erkundungsverhalten in den Praxisräumen stellte sich als sehr ausgeprägt dar, und er war trotz großer Aufregung und Unruhe erstaunlich gelehrig bei kleinen Tricks.

Wir wählten nach reiflicher Überlegung für ihn folgende Blütenmischung:

Sunflower	Weil Remmy sehr „halsstarrig“ sein kann; er wirkt wenig geerdet.
Saguaro	Für den kleinen Revoluzzer, der sich gegen Autoritäten grundsätzlich erst mal auflehnt.
Shooting Star	Weil er bei Stress hysterische Reaktionen zeigt.
Red Clover	Weil er sehr dazu neigt, sich von Gruppenhysterie anstecken zu lassen.
Dill	Denn bei Reizüberflutung verliert er im wahrsten Sinne des Wortes den Boden unter den Füßen.
Corn	Weil er unter vielen Menschen schnell verwirrt und desorientiert wirkt.
Cherry Plum	Wegen seiner ausgeprägten Neigung zu überschießenden Reaktionen.

Im Training wurde unter anderem eine verbale Warnung konditioniert, der ein Strahl aus der Blumenspritze folgte, wenn Remmy daraufhin nicht die Klappe hielt. Bereits nach zwei nassen Überraschungen legte er sich zum ersten Mal seit Jahren während einer Autofahrt in entspannter Pose auf die Rücksitzbank und war still. Da auch sein Aufmerksamkeit heischendes Verhalten in für ihn aufregenden Situationen (Besucher, Stadtbummel, Restaurantaufenthalt) fortan von keinem mehr bestätigt wurde und dafür ruhige Alternativhandlungen sofort Beachtung fanden, konnten die Blütenessenzen schon nach der zweiten Einnahmeflasche abgesetzt werden.

Calimero, Hovawart, 4 Jahre

Calimeros Geschichte war, zumindest was die Anamnese anging, einer unserer schwierigsten Fälle: Seine Halter, ein junges Paar, konnten sich schon zu Beginn des Beratungsgesprächs nicht auf einen Grund für ihre Konsultation in der Praxis einigen. Egal was SIE sagte – ER sah es anders… und umgekehrt!

Auch sehr gezielte Fragen halfen nicht weiter. Beispielsweise „beschützte" Calimero sein Herrchen, was diesen bei Kontakten mit Passanten und Bekannten einschränkte… sein Frauchen dagegen beschützte er nicht, was sie daran zweifeln ließ, dass der Hund sie überhaupt liebte…

ER meinte, der Hund sei hyperaktiv und käme nicht zur Ruhe, SIE fand, dass Calimero die reinste Schlaftablette wäre. Bei Gehorsamsübungen sei er sehr konzentriert – nein, überhaupt nicht, er sei meistens total unaufmerksam! Und so weiter...

Man hatte wirklich das Gefühl, dass beide von vollkommen unterschiedlichen Hunden sprachen – besonders, da sich beider Aussagen absolut nicht mit unseren eigenen Beobachtungen des Tieres während der Anamnese deckten. Selbst bei Fragen zum Bewegungsdrang oder dem Lieblingsfutter widersprachen sich die Parteien. Es gab scheinbar mehr zwischenmenschliche Spannungen in diesem Haushalt als Probleme mit bzw. durch Calimero.

Ein kurzer gemeinsamer Spaziergang mit jeweils einem der Halter, bei dem wir die von ihnen beschriebenen Unarten des Vierbeiners in Augenschein nehmen wollten, verlief genau wie von uns vermutet. Calimero verhielt sich in unserem Beisein vorbildlich: keine Spur von Lethargie, keine übertriebene Ignoranz, keine Hyperaktivität, kein Unwillen bei der Ausführung einfacher Kommandos, keine übersteigerte Aggressivität gegenüber Artgenossen, Fremde durften sogar mit Handschlag begrüßt werden…

Wir gewannen immer mehr den Eindruck von einem souveränen Hund, der sehr genau wusste, was er bei wem wie machen durfte oder sollte. Ein Hund zudem, der es offensichtlich durchaus zu schätzen wusste, diesen Führungsanspruch in kompetente Hände abgeben zu können, um sich auch mal „entspannt zurückzulehnen".

Calimero brauchte wirklich dringend Hilfe.

Neben der schrittweisen Vermittlung von Basiswissen (Körpersprache, Calming Signals, Lernverhalten, Hundebedürfnisse usw.), um den fatalen Fehlinterpretationen von Calimeros Verhalten seitens der Halter entgegenzuwirken, war es diesmal unsere Aufgabe, beide Besitzer in einen sinnvollen Dialog zu bringen, damit sie gemeinsame Ziele definieren und mit unserer Unterstützung individuelle Rituale ausarbeiten konnten, die das Familienleben in Zukunft besser strukturieren und harmonischer gestalten halfen.

Das Training wurde auf Wunsch der Hundehalter mit einer Blütentherapie für Mensch und Tier begleitet.

Folgende Essenzen kamen dabei zum Einsatz:

Walnut	Zum Start in eine neue Lebensphase.
Quaking Grass	Die Teamessenz, die die Zusammenarbeit zwischen Mensch und Tier und Mensch und Mensch fördert.
Cosmos	Zur Unterstützung der Kommunikationsfähigkeit zwischen den Arten.
Shasta Daisy	Um das Annehmen neuer Verhaltensweisen zu erleichtern.
Rabbitbrush	Zur Erweiterung des Horizontes.
Relationship Essence	Zur Harmonisierung des Familienlebens.

Durch die regelmäßige Einnahme der Blütenmischung über mehrere Wochen hinweg gelang es nicht nur Calimero, seine Rolle innerhalb der Familie neu zu definieren, sie erleichterte auch den beiden Menschen, ihren Weg zu finden, Änderungen in ihrem Verhalten leichter zuzulassen, die notwendige Souveränität im Umgang mit dem Hund zu entwickeln und sich dem Partner wieder mehr anzunähern.

Mit konkreten Zielen vor Augen und den passenden Tipps und Hilfestellungen wurde das Training für alle Beteiligten ein voller und bis heute anhaltender Erfolg.

Candy, Flat Coated Retriever-Sheltie-Mischling, 13 Monate

Candy wurde vom Tierarzt mit der Diagnose Epilepsie zur Weiterbehandlung in die naturheilkundliche Praxis überwiesen. In den letzten 14 Tagen hatte sie drei Krampfanfälle von jeweils ein- bis anderthalb Minuten – jedes Mal im Ruhezustand auftretend – erlitten. Der Veterinär hatte nach dem ersten und dritten Anfall jeweils eine Blutuntersuchung veranlasst, beide Ergebnisse waren nach seiner Beurteilung aber vollkommen unauffällig. Es konnten auch keine anderen organischen Auslöser gefunden werden.

Nun ist Epilepsie kein kleines Problem, und der Besitzer machte sich verständlicherweise große Sorgen um sein Tier, Candys Lebenserwartung und besonders um ihre Lebensqualität. Chemische und schulmedizinische Medikamente lehnte er auch wegen des jungen Alters der Hündin ab, einer homöopathischen oder Bach-Blütenbehandlung jedoch stand er aufgeschlossen gegenüber. Blütenessenzen anderer Länder wollte er dagegen nur ungern nutzen, was wir natürlich respektieren, da der Erfolg einer Behandlung ja auch von seiner Mitarbeit und Unterstützung abhängig ist.

Während der ausführlichen Anamnese wiesen wir Candys Herrchen ausdrücklich darauf hin, dass sein Hund trotz des Einsatzes von Blütenessenzen und anderen alternativmedizinischen Methoden auf Dauer wahrscheinlich nicht ohne tierärztlich verordnete Präparate auskommen wird.

Bei der Befunderhebung fiel besonders ins Auge, dass Candy sehr früh von ihrer Mutter und den Geschwistern getrennt worden war und bereits in der siebten Lebenswoche ihr neues Zuhause bezog. Mehr als die Information, dass die Geburt nicht komplikationslos verlaufen war und einige der Welpen per Kaiserschnitt zur Welt gebracht werden mussten, war jedoch über die möglichen Gründe nicht mehr zu erfahren.

Prä- und postnatale Traumata waren also neben der Epilepsiediagnose Basis unserer individuellen Behandlungsstrategie für Candy. Sie erhielt ein Homöopathikum zur Durchblutungsförderung und ein anderes zur Stabilisierung des gesamten Nervensystems. Der Besitzer wurde in besonders nützlichen Teilen der TTEAM®-Körperarbeit unterwiesen und darüber hinaus instruiert, wie er seinem Hund bei einem erneuten Anfall am besten zur Seite stehen konnte. Dazu gehören die sanfte Sicherung des krampfenden Tieres sowie die gefahrlose Verabreichung der Notfallmedizin, also Rescue Remedy, bis sich sein Zustand wieder normalisiert hat.

Folgende Blütenmischung wurde für Candy komponiert:

Clematis	Damit sie im Hier und Jetzt bleiben kann und um handlungsfähig und aktiv zu werden.
Impatiens	Damit sie dem eigenen Rhythmus folgen kann; stresslindernd.
Mustard	Zur Aktivierung ihres Lebenswillens; damit sie Vertrauen in die Zukunft entwickeln kann.
Rock Rose	Zur Schockverarbeitung, auch wenn dieser bereits länger zurückliegt.
Star of Bethlehem	Zur Traumabewältigung; um versperrte Wege zu öffnen.
Water Violet	Gegen ihre Introvertiertheit.
Wild Rose	Zur Aktivierung ihrer Lebensfreude und der Vitalität; als Motivationsschub.

Daraufhin blieb Candy für sieben Wochen anfallsfrei, dann erlitt sie ihren vierten – wenn auch abgeschwächten – Anfall.

Die Abstände zwischen den Krampfattacken wurden im Laufe des nächsten Jahres erfreulicherweise immer größer, heute erlebt sie maximal zwei Anfälle pro Jahr. Allerdings führt der Hundehalter weiterhin in regelmäßigen Abständen eine der jeweiligen Situation angepasste Bach-Blütentherapie als Kur durch, achtet auf einen stressarmen Tages- bzw. Wochenablauf für seine Hündin und verwöhnt sie regelmäßig mit Ohren-Arbeit und anderen hilfreichen Tellington-Touches.

Anhang

Fragebogen zur Ermittlung der Blütenessenzen

Der Fragebogen hilft uns bei der Auswahl der passenden Bach- und Kalifornischen Blütenessenzen für Ihr Tier.

Bitte kreuzen Sie diejenigen Eigenschaften oder Zustände an, von denen Sie glauben, dass sie in den **letzten zwei Wochen** bei Ihrem Hund im Vordergrund gestanden haben – auch wenn diese Eigenschaften normalerweise vielleicht nicht zu den Charakterzügen Ihres Lieblings gehören.

Name des Tieres:

____

Rasse:

____

Alter:

____

bisherige Krankheiten/ Operationen:

____

____

zurzeit verabreichte Medikamente:

____

____

____

____

1. Vorgetäuschte Sorglosigkeit, aber innere Abgeschlafftheit ☐

2. Ängstlichkeit aus nicht ersichtlichen Gründen, evtl. reisekrank ☐

3. Kontaktschwierigkeiten zu Artgenossen, unausgeglichenes Wesen ☐

4. Überbrav, unterwirft sich jedem. ☐

5. Fehlendes Selbstvertrauen. Absolute Abhängigkeit vom Besitzer ☐

6. Unbeherrschte Gefühlsausbrüche (überängstlich oder überaggressiv) ☐

7. Ständig unkonzentriert; Fehlerwiederholung ☐

8. Primadonnenverhalten, Selbstmitleidsausbrüche, egoistisch ☐

9. Interesselosigkeit, übertriebenes Schlafbedürfnis, Apathie ☐

10. Ständiges Lecken und Putzen; macht sich ungern schmutzig. ☐

11. Ohne Grund erschöpft und lustlos ☐

12. Vorsichtig und skeptisch allem Neuen gegenüber ☐

13. Müdigkeit und Resignation; schwer motivierbar ☐

14. Fordert uneingeschränkte Zuwendung, will im Mittelpunkt stehen. ☐

15. Eifersucht, Misstrauen; schnell aggressiv ☐

16. Jammert viel und wirkt desinteressiert. ☐

17. Müde und schlapp bis zur Apathie ☐

18. Hyperaktiv und ungestüm ☐

19. Schüchtern und zaghaft ☐

20. Angst vor ganz bestimmten Situationen und Dingen ☐

21. Depressive Zustände. Bewegungsunlust, Stimmungsschwankungen ☐

22. Unermüdliches Durchhalten: der tapfere Hund ☐

23. Totale körperliche und geistige Erschöpfung ☐

24. Schuldgefühle, Selbstkritik, permanent schlechtes Gewissen ☐

25. Überfürsorglichkeit, übertriebener Beschützerinstinkt ☐

26. Extreme Angst- und Panikattacken; ist ständig „auf der Hut". ☐

27. Fehlende innere Balance, sprunghafte Stimmungswechsel ☐

28. Unverarbeiteter Schock ☐

29. Innere Ausweglosigkeit. Desinteresse, Appetitlosigkeit ☐

30. Übereifer, treibt Raubbau mit seinen Kräften; Marotten ☐

31. Rücksichtslose Dominanz bis zur Tyrannei ☐

32. Verunsicherung durch veränderte Lebenssituationen ☐

33. Immer auf Distanz, unnahbar, überlegen ☐

34. Schlechte Konzentrationsfähigkeit, Unaufmerksamkeit ☐

35. Unzufrieden und ohne Ausdauer ☐

36. Apathie, kein Lebenswille ☐

37. Missmutig, schlecht gelaunt; „Die beleidigte Leberwurst“ ☐

1. Fehlende Geborgenheit in Krisenzeiten ☐

2. Schock, Trauma, große Schmerzen, schlecht heilende Wunden ☐

3. Das Tier ist rast- und ruhelos; kein Durchhaltevermögen ☐

4. Unselbstständigkeit; Verlustängste; erlebter Partnerverlust ☐

5. Energielos; wenig Lebenslust; Atemwegsprobleme ☐

6. Wenig selbstsicher, „duckmäuserisch“ ☐

7. Kann sich nicht selbst beschäftigen. ☐

8. Stagnationstendenz, phlegmatisch und antriebslos ☐

9. Launisch, gereizt, unruhig; Verdauungsbeschwerden ☐

10. Gewalttätige Erlebnisse und seelische Verwundungen ☐

11. Verwirrung und Desorientierung in Menschenmassen ☐

12. Probleme mit anderen Tiergattungen oder Menschen ☐

13. Übertriebener Ehrgeiz und Schlafstörungen ☐

14. Lärmempfindlichkeit und Reizüberflutung ☐

15. Neigung zu Unfällen und Selbstzerstörung ☐

16. Immunsystem geschwächt ☐

17. Neigung zum Drama, Hypochonder ☐

18. Nervöse Ängste, Infektanfälligkeit, Schwäche ☐

19. Pubertät ☐

20. Schnell frustriert; wenig kreativ; keine Ausdauer ☐

21. Leistungsabfall bei Stress ☐

22. Pedantisches Verhalten ☐

23. Nervliche Überreizung, Schlafschwierigkeiten, nervöse Beschwerden ☐

24. Nicht besonders anmutig und ausgeglichen ☐

25. Konzentrationsschwäche; kein Durchhaltevermögen ☐

26. Gestörte Kontaktfähigkeit; schüchtern und zurückhaltend ☐

27. Aggressivität (auch Autoaggression) aus mangelndem Vertrauen ☐

28. Ammenaufzucht; vor Welpenabgabe ☐

29. Extreme Abhängigkeit und emotionale Unreife ☐

30. Mangelnde Vitalität und Wachheit ☐

31. Furcht, Misstrauen, Feindseligkeit ☐

32. Behinderung und einschränkende Krankheiten ☐

33. Mangelnde Aufnahmefähigkeit und Konzentrationsschwäche ☐

34. Traumatische Kindheitserlebnisse; Schamgefühle ☐

35. Wetterfühligkeit, Essstörungen ☐

36. Schwierigkeiten, sich im Rudel zu integrieren ☐

37. „Scheuklappen"-Mentalität ☐

38. Gruppenhysterie ☐

39. Unkonzentriert, leicht ablenkbar und schnell gestresst ☐

40. „Revoluzzer", Auflehnung gegen jegliche Autorität ☐

41. Überempfindlichkeit bei Licht und Sonne, Unsauberkeit aus Angst ☐

42. Belastetes Immunsystem ☐

43. Trainingssituationen, Einüben neuer Verhaltensweisen ☐

44. Hysterische Reaktionen bei Stress ☐

45. „Halsstarrig", wenig geerdet; Probleme im Nackenbereich ☐

46. Misstrauen, beißende Abweisung ☐

47. Futterneid, Besitzgier, kann allgemein schlecht teilen ☐

48. Mangelndes Urvertrauen, ausgeprägtes Territoriumsverhalten ☐

49. Entwurzelung aus dem sozialen Umfeld ☐

50. Trägheit, Faulheit, ewige Schlafmütze ☐

51. „Macho-Mentalität"; Streitsucht ☐

52. Unausgewogene, nicht adäquate Verhaltensformen ☐

53. Despotisch, machthungrig, „dominant" ☐

54. Wetterfühligkeit, Neigung zu Allergien ☐

55. Fehlendes Mitgefühl, Egozentrik ☐

56. Trauer, Melancholie, Asthma ☐

Blütenessenzen-Auswertungsbogen

1. Agrimony ☐
2. Aspen ☐
3. Beech ☐
4. Centaury ☐
5. Cerato ☐
6. Cherry Plum ☐
7. Chestnut Bud ☐
8. Chicory ☐
9. Clematis ☐
10. Crab Apple ☐
11. Elm ☐
12. Gentian ☐
13. Gorse ☐
14. Heather ☐
15. Holly ☐
16. Honeysuckle ☐
17. Hornbeam ☐
18. Impatiens ☐
19. Larch ☐
20. Mimulus ☐
21. Mustard ☐
22. Oak ☐
23. Olive ☐
24. Pine ☐
25. Red Chestnut ☐
26. Rock Rose ☐
27. Rock Water ☐
28. Scleranthus ☐
29. Star of Bethlehem ☐
30. Sweet Chestnut ☐
30. Vervain ☐
31. Vine ☐
32. Walnut ☐
33. Water Violet ☐
34. White Chestnut ☐
35. Wild Oat ☐
36. Wild Rose ☐
37. Willow ☐

1. Angelica ☐
2. Arnica ☐
3. Blackberry ☐
4. Bleeding Heart ☐
5. Borage ☐
6. Buttercup ☐
7. California Poppy ☐
8. Cayenne ☐
9. Chamomile ☐
10. Chaparral ☐
11. Corn ☐
12. Cosmos ☐
13. Dandelion ☐
14. Dill ☐
15. Dogwood ☐
16. Echinacea ☐
17. Fuchsia ☐
18. Garlic ☐
19. Goldenrod ☐
20. Indian Paintbrush ☐
21. Indian Pink ☐
22. Larkspur ☐
23. Lavender ☐
24. Lotus ☐
25. Madia ☐
26. Mallow ☐
27. Manzanita ☐
28. Mariposa Lily ☐
29. Milkweed ☐
30. Morning Glory ☐
31. Oregon Grape ☐
32. Penstemon ☐
33. Peppermint ☐
34. Pink Monkeyflower ☐
35. Pink Yarrow ☐
36. Quaking Grass ☐
37. Rabbitbrush ☐
38. Red Clover ☐
39. Rosemary ☐
40. Saguaro ☐
41. St. John's Wort ☐
42. Self Heal ☐
43. Shasta Daisy ☐
44. Shooting Star ☐
45. Sunflower ☐
46. Snapdragon ☐
47. Star Thistle ☐
48. Sticky Monkeyflower ☐
49. Sweet Pea ☐
50. Tansy ☐
51. Tiger Lily ☐
52. Trillium ☐
53. Trumpet Vine ☐
54. Yarrow ☐
55. Yellow Star Tulip ☐
56. Yerba Santa ☐

Ihre Notizen

Bezugsquellen für Blütenessenzen

Florem Sàrl (Versand – auch für Deutschland!)
www.florem.com
9a, rue de la Forêt
F-67930 Beinheim

Bachblüten Center
www.bach-bluetentherapie.de
Postfach 20 25 51, D-20218 Hamburg
Telefon: +49 (0) 40 432 577 10
Telefax: +49 (0) 40 435 253

www.essenzenladen.de
www.bachbluetenonlineshop.de
www.rosengarten-essenzen.com

Für Österreich:
www.serasim.at

Für die Schweiz:
www.swissflowerpower.ch

Adressen

Therapeutisches Schulungszentrum
für Mensch und Tier
Michaela Feldhordt
Postfach 70 11 17
D - 35020 Marburg
E-Mail:
beratung@therapeutisches-schulungszentrum.de
www.therapeutisches-schulungszentrum.de

TEAMWORK –
Schulungszentrum für Mensch und Hund
Martina Albert
Vockestraße 1
D - 37235 Hessisch Lichtenau
Tel.: +49 (0) 5602 - 91 58 47
E-Mail: teamwork.Albert@t-online.de
www.teamwork-albert.de

... zum Weiterlesen

Bachblüten für Pferde und Hunde
Margriet Dudok van Heel
Laredo Verlag

Das Bachblüten-Buch für Katzen
Helfen und heilen - sanft und natürlich
Michaela Stark
Cadmos Verlag

Moleküle der Gefühle. Körper, Geist und Emotionen
Candace B. Pert
Rowohlt, Reinbek

Der siebte Sinn der Tiere
Rupert Sheldrake
Scherz Verlag

Tierkinesiologie. Methoden der ganzheitlichen Systemdiagnose
Rosina Sonnenschmidt
Sonntag Verlag

Unser strahlender Körper
Dieter Knapp
Knaur Verlag, 1996

Flower Portraits: The Life Cycle of Beauty
Joyce Tenneson
Little, Brown & Company

Illustrierte Enzyklopädie der Blütenessenzen I und II
Dirk Albrodt (Hrsg.)
Edition Tirta

Bach-Blüten und 52 neue Blütenessenzen
Dr. med. Cordelia Alber-Klein und Regina Hornberger
Edition Tirta

Arzneimittelportraits der Bach-Blütenessenzen
Diagnose und Therapie
Bea Mark
Sonntag Verlag

Lexikon der Heilsteine
Gisela Schreiber
Südwest Verlag

Hunde – Rätsel auf vier Pfoten?
Miteinander leben – voneinander lernen!
Martina Albert, Michaela Feldhort
BoD-Verlag, 2005

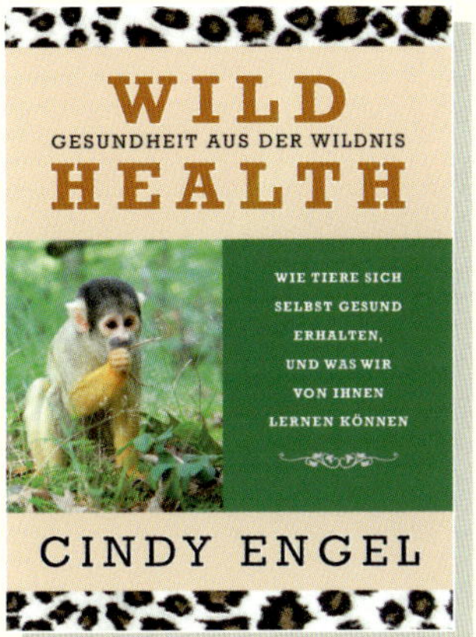

Wild Health – Gesundheit aus der Wildnis

Cindy Engel

Dies ist das erste Buch über eine neue faszinierende Richtung der Biologie – die Zoopharmakognosie, die Selbstmedikation bei Tieren – und darüber, was wir Menschen aus ihr lernen können.
Tiere haben im Laufe der Evolution viele erfolgreiche Strategien zur Gesunderhaltung entwickelt. Sie fressen Pflanzen, die medizinische Eigenschaften haben, und wählen das richtige Futter für eine bilanzierte Diät aus. Tiere spüren sogar psychoaktive Substanzen auf – sie werden von gegorenen Früchten betrunken, halluzinieren unter dem Einfluss von Pilzen und werden euphorisch durch Schlafmohn. Sie manipulieren ihre eigene Fortpflanzung mittels biochemischer Substanzen, indem sie bestimmte Pflanzen als Aphrodisiakum benutzen oder andere zu sich nehmen, die die Fruchtbarkeit steigern. Dieses Buch enthält viele bemerkenswerte Beispiele darüber, wie sich Tiere selbst therapieren.

- Landschildkröten wandern mehrere Kilometer, um kalziumhaltige Mineralien auszugraben und zu fressen, damit ihr Panzer hart bleibt.
- Affen, Bären, Nasenbären und andere Tiere reiben Zitronenöl oder stechend riechendes Harz auf ihr Fell, das als Antiseptikum bei Stichen und als Insektizid wirkt.
- Schimpansen fressen behaarte Blätter, die sie in einer bestimmten Weise falten, um den Verdauungstrakt von Parasiten zu befreien.
- Vögel umgeben ihre Nester mit Pflanzen, die vor einem Befall mit Blut saugenden Milben oder Läusen schützen.

Hardcover, 360 Seiten, mit zahlreichen Fotos
ISBN-13: 978-3-936188-17-2